KB273672

생명공학
쫌 아는 10대

생명공학 쫌 아는 10대

학교에서 배우는 국어, 수학, 역사, 과학 등 여러 과목 중에서 특히 재미있는 수업이 뭐야? 잠깐! 내가 한번 맞춰 볼까? 이 책을 집어 든 너는 아마도… 과학에 관심이 많을 거야. 그리고 인체의 구조와 원리, 생물체에서 일어나는 생명 현상을 알아갈수록 신비로움과 매력을 느끼고 있어. 그렇지?

아니라고? 관심은 좀 있지만 좋아할 정도는 아니라고? 뭐, 그래도 괜찮아. 관심이 조금 있다는 것만으로도 매우 반갑거든. 앞으로 들려주고 싶은 재미있는 이야기도 많고 말이야.

중학교에서 배우는 과학 교과서에는 물리학, 화학, 생명과학, 지구과학의 중요한 개념들이 균형 있게 소개되어 있어. 그래서 특별히 관심 있는 분야가 아닌 부분을 배울 땐 수업이 지루하게 느껴지거나 어려울 거야.

하지만 생물의 분류, 식물의 광합성과 동물의 물질대사, 세포

분열과 생식, 유전과 진화를 다루는 생명과학은 알고 보면 정말 신비롭고 재미있는 분야라서, 조금만 관심을 갖고 이 책을 읽어 보면 앞으로 호기심에 눈을 반짝이게 될 거야!

고등학교에 가면 물리학, 화학, 생명과학, 지구과학 중에서 원하는 과목을 선택해서 배울 수 있어. 만약 이 책을 읽고 생명과학을 향한 관심이 깊어져서 생물 관련 분야를 더욱 공부하겠다는 목표가 생긴다면 생명과학을 선택 과목으로 정해도 좋겠지. 적성에 잘 맞아 대학교에 진학해서 관련 공부를 하고 싶어질지도 몰라! 그땐 어느 학과를 선택해야 좋을까?

생명과학과 VS 생명공학과

겨우 한 글자 차이지만, 이 두 학과에서 배우는 내용과 각 학과 졸업생의 진로에는 꽤 차이가 있어. 그러니까 신중히 생각해야 해. 과연 둘은 무엇이 다를까?

먼저 생명과학(生命科學, biology)은 생물 자체에 대한 새로운 현상과 원리를 발견하는 학문이야. 한편 생명공학(生命工學, biotechnology)은 생명과학에서 발견한 현상과 원리를 실생활에 응용하는 학문이지. 이름만 봐도 생명과학(biology)에 기술(technology)이 합쳐졌다는 것을 짐작할 수 있겠지?

생명공학은 최근 들어 세계적인 주목을 받고 있어. 보건 의료와 농업부터 시작해 해양 자원과 환경 등 여러 분야에 활용되어 우리 삶에 영향을 미치고 있기 때문이야. 이 모든 생명공학의 기초가 되는 게 바로 생명과학이지. 그러니 지금 학교에서 배우는 기본적인 과학 수업부터 소홀히 하면 안 돼. 이렇게 배우는 것들이 모두 이후의 공부와 연결되거든.

즉, 교과서 속에서 만나는 생명과학 개념들은 학교 시험 성적을 받는 데서 그치지 않고 인류의 오늘과 미래를 바꾸는, 생명공학과 같은 기술로 이어져. 생명공학에는 현재 어떤 기술들이 있을까? 또 앞으로 생명공학은 우리 삶을 어떻게 바꾸어 갈까? 기대감이 샘솟지 않니? 그럼 지금부터 본격적으로 생명공학에 대해 알아보자고!

생명공학 쫌 아는 10대, 시작합니다!

목차

1

생명공학,
너는 누구니?

널리 인간을 이롭게 하라, 황금 쌀

'골든 라이스'라는 이름을 들어 본 적이 있니? 영어 이름 그대로 '황금 쌀'을 뜻하는 골든 라이스는 겉으로 보이는 쌀의 색깔이 유난히 노랗다고 해서 붙여진 이름이야.

하지만 이 골든 라이스는 우리 조상들이 재배해 오던 고유의 벼 품종이 아니란다. 약 25년 전에 생명공학 기술에 의해 등장하게 된, 기존에는 존재하지 않던 벼 품종이지. 그렇다면 생명공학자들은 도대체 왜 일반적인 쌀과는 다른 색을 가진 골든 라이스를 만든 걸까?

우리 몸의 시각 기능에 관여하고, 성장 인자로 작용하는 영양소 중에는 비타민A가 있어. 생선과 달걀, 시금치 등에 풍부한 비타민A가 부족하면 밤에 앞이 잘 보이지 않는 야맹증에 걸릴 수 있지. 그런데 동남아시아와 남아시아, 그리고 아프리카 지역을 비롯한 전 세계 약 1억 9,000만 명의 아이들이 바로 이 비타민A가 부족해서 건강에 문제를 겪어.

심지어 매년 약 25만 명의 사람들이 비타민A 결핍으로 시력을 잃고, 그중 절반은 1년 안에 사망한다는 안타까운 소식이 국제기구를 통해 보고되었지. 이 문제를 해결하기 위해 생명공학자들은 쌀에 주목했어. 비타민A 결핍 문제가 심각한 세 지역 중에서 동남아시아와 남아시아는 우리나라처럼 쌀을 위주로 식사를 하기 때문이었지.

안타깝게도 쌀에는 우리 몸속에서 비타민A로 전환되는 물질인 '베타카로틴'이 들어 있지 않아. 베타카로틴은 주황색에서 노란색을 띠는 색소인데, 주로 당근을 비롯한 다양한 채소나 과일에 함유되어 있거든.

하지만 만약 생명공학 기술로 베타카로틴을 함유한 쌀을 만들 수 있다면 어떨까? 동남아시아와 남아시아 사람들이 추가로 새로운 것을 먹지 않아도 일상에서 비타민A 결핍 문제를 해결할 수 있지 않겠어? 너무 멋진 아이디어지!

그래서 생명공학자들은 1990년부터 기존의 벼 DNA에 수선화의 유전자 일부를 집어넣는 연구를 수행했어. 왜 하필 수선화였냐고? 당시 생명공학자들이 수선화 꽃잎이 노란색인 이유가 수선화 안에 있는 베타카로틴 때문이라는 것과 수선화의 어떤 유전자 때문에 베타카로틴이 생겨났는지를 정확히 알고 있었기 때문이야. 그렇게 생명공학자들은 벼가 베타카로틴을 만들 수 있도록 유전자를 변형시켰고, 9년에 걸친 노력 끝에 골든 라이스가

탄생하게 되었지.

이후 2004년에는 수선화 대신 옥수수의 유전자를 넣어서 베

타카로틴이 23배 더 많이 만들어지도록 한 업그레이드판 골든

라이스가 개발되었어. 이렇게 생명공학 기술을 통해 만들어진 골든 라이스는 특정 회사나 농부가 아닌 일반 사람들에게 이익을 주는 최초의 유전자 변형 작물(GMO)이라고 평가받고 있지.

유전자 변형 상추가 가르쳐 준 것

저 유명한 골든 라이스 사례와 감히 견주기는 어렵겠지만, 나도 비슷한 실험을 했던 적이 있어. 실험실의 상추가 일반 상추보다 더 많은 비타민E를 만들어 내도록 유전자를 변형한 후, 실제로 비타민E의 함량이 얼마나 증가했는지 분석하는 실험이었지. 요컨대, 흔히들 말하는 유전자 변형 상추를 제작한 거야.

물론 이렇게 유전자를 변형하는 데 성공했다고 당장 농장에서 재배되고 시장에서 판매되는 것은 아니야. 그러니까 상추를 먹으며 우리 몸에 부작용을 일으키지는 않을지, 안전할지를 지금부터 걱정할 필요는 없어.

안타깝지만 개발된 지 25년 가까이 지난 골든 라이스마저도 상업적으로 재배되기까지는 갈 길이 먼 상태야. 유전자 변형 작물 재배를 향한 찬성과 반대의 목소리가 여전히 팽팽하기 때문이지.

당시 내가 소속된 연구실에서는 식물 중에서도 벼, 담배, 상추, 애기장대를 재료로 연구가 활발히 이루어지고 있었어. 나는 상추를 재료로 연구하는 선배에게서 실험을 배우기 시작했지. 곧 나만의 연구 주제를 잡았고, 상추의 DNA에 다른 식물의 유전자를 끼워 넣음으로써 비타민E를 평소보다 더 많이 만들어 내도록 유도했어.

분석 결과, 실제로 그렇게 만들어진 상추의 비타민E 함량은 일반적인 상추보다 높게 측정되었지. 그 후 논문 발표를 위해 이 연구가 어떤 가치를 가질지 논의했는데, 그 자리에서 지도 교수님은 내게 이렇게 질문했어.

"이 연구는 과학인가, 기술인가?"

물론, '저기까지는 과학이고, 여기서부터는 기술이야'라면서 과학과 기술의 경계를 칼로 베듯 나누는 것은 불가능해. 나의 연구만 해도 어떤 유전자가 어느 단계에 관여해서 비타민E의 함량을 늘리는지를 밝혀낸 '과학'과, 이를 활용하여 식물 간에 유전자를 옮기고 비타민E가 늘어난 상추를 작은 조각부터 시작해 하나의 식물로 키워 내는 '기술'이 합쳐져 있었으니까.

그래서 나는 유전자가 변형된 상추를 만든 것이 '과학 개념'을 인간 생활에 영향을 미치는 '기술'로 확장해 나가는 영역에서 가치가 있다고 답변했어. 즉, '과학'과 '기술'의 접점을 드러냈다고 말이야. 생명공학의 가치도 여기에 있지 않을까 싶어.

생명과학과 생명공학의 경계

생명과학과 생명공학의 연구 분야를 나누는 절대적인 법이나 명확한 경계선이 있는 건 아니지만 차이는 분명히 있어. 예를 들어 어떤 세균이 살아가면서 만들어 내는 물질이 인간에게 유용한 것으로 밝혀졌다고 해 보자. 이 과정에서 그 세균의 특성과 세균이 살아가면서 만든 물질의 종류를 분석하고, 인간에게 어떤 영향을 주는지 연구하는 건 생명과학자의 일이야. 한편, 이 물질을 많이 얻어서 여러 사람이 혜택을 보길 원한다면 세균을 잔뜩 키울 필요가 있겠지? 이때 세균을 대량 배양하는 것은 생명공학자의 영역이야.

똑같은 세균을 키우는 일인데 어떻게 생명과학자와 생명공학자의 역할이 다를 수 있냐고? 1개의 냄비를 가지고 1개의 라면을 끓일 때와 50개의 라면을 끓일 때를 비교해서 생각해 보면 이해하기 쉬울 거야.

만일 라면을 1개 끓인다면, 라면 1개가 들어갈 만한 크기의 냄비에 약 500밀리리터의 물을 넣고 면과 분말수프를 넣은 후 약 5분 정도 끓이면 돼. 이처럼 연구에 필요한 만큼 소량의 세균을 건강히 키워 내는 조건을 찾는 건 생명과학자가 주로 하지.

그런데 라면을 50개 끓여야 한다면 이전과는 다른 접근 방식이 필요해. 우선 50개의 라면을 모두 넣을 수 있는 큰 냄비를 준비해야 하지. 또 냄비 크기에 맞는 강한 화력이 필요하겠지. 냄비에 들어갈 물과 분말수프의 양도 다시 계산해야 해. 단순히 라면 1개를 끓일 물과 분말수프 양의 50배를 넣는다면 너무 짜거나 간이 맞지 않기 십상이거든.

라면을 끓이는 시간도 5분보다 당연히 길어져야 할 거야. 잘못하면 면발이 덜 익게 될 테니까 말이야. 그리고 냄비 위쪽의 면발과 아래쪽의 면발을 골고루 익힐 방법도 찾아야 해. 냄비가 워낙 크기 때문에 면발의 익힘 정도가 위치에 따라 다를 거거든.

이렇듯 생명공학자는 최소한의 비용, 그리고 적은 시간과 공간을 사용해서 세균을 대량으로 배양하기 위한 최적의 조건을 찾는 역할을 하지. 생명공학이 생명과학과 어떻게 다른지 이제

조금 이해가 되니?

생명공학이라는 용어는 1919년 헝가리의 농업학자인 카를 에레키에 의해 처음 사용되었어. 그는 돼지 대량 사육과 관련하여 돼지의 성장을 촉진하고 생산성을 높이기 위해 과학적인 접근법을 강조했지. 이 과정에서 그는 생명공학을 "생물의 도움을 받아 원료로부터 최종 산물을 얻는 모든 작업"이라고 설명했어.

이처럼 생명공학은 인간의 이익을 위해서 살아 있는 생물체나 부산물을 사용하는 기술적 학문 분야를 의미해. 인간 생활을 위해 생물을 도구로 활용한다는 점에서 생명공학은 생명 현상 자체를 연구하는 생명과학과 분명하게 구분되지.

생명공학이 한 그루의 나무라면

그렇다면 생명공학은 무엇으로 이루어져 있을까? 모든 학문이 그렇듯이 생명공학도 어느 날 갑자기 뚝딱 만들어진 학문 분야는 아니야. 다양한 학문을 배경으로 만들어진 종합적인 학문이지. 생명공학은 넓게 보면 동물, 식물, 미생물 등의 생명 현상과 그 원리를 밝혀내고, 이를 바탕으로 생물체가 가지고 있는 독특

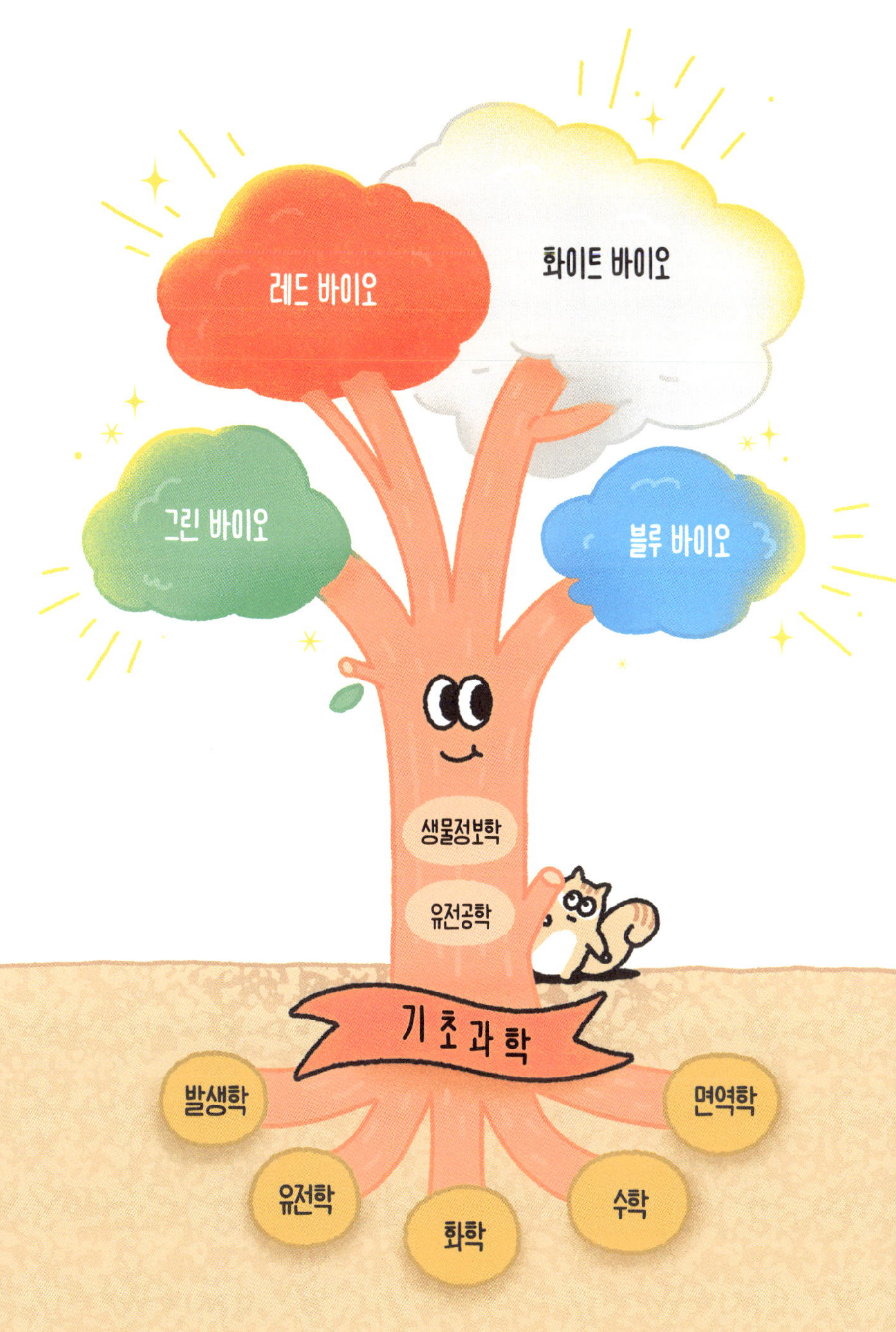
레드 바이오
화이트 바이오
그린 바이오
블루 바이오
생물정보학
유전공학
기초과학
발생학
면역학
유전학
화학
수학

한 능력을 활용해 인간에게 유용한 제품이나 공정을 만들고 개선하는 '21세기 첨단 학문'이라고 말할 수 있어.

생명공학을 나무에 비유하면 그 구성과 학문 간의 관계를 더욱 이해하기 쉬울 거야. 나무는 뿌리에서 물과 양분을 빨아들여서 줄기를 생장시키고 가지를 뻗어 나가지. '생명공학 나무' 역시 마찬가지야. 이 나무의 뿌리는 주로 기초 과학 분야로 구성되어 있어. 생물 분야의 밑바탕을 이루는 생화학, 미생물학, 동물생리학, 식물생리학, 분자생물학, 세포생물학, 발생학, 유전학, 면역학 등이 바로 그것이지.

게다가 물리학, 화학, 통계학, 수학, 컴퓨터과학 등 생명과학 이외의 분야에도 넓게 뿌리를 두고 있어. 여기서 주의할 점이 있다면, 지금 열거한 학문의 이름들을 이해하고 각 학문에서 무엇을 다루는지 알려고 무리하게 애쓰지 말라는 거야. 우리는 생명공학 나무가 어떻게 생겼는지 알아보려고 뿌리를 뭉텅이로 잠깐 살펴봤을 뿐이니까 말이야.

이러한 뿌리들 위로 여러 학문 분야가 융합하면서 생명공학 나무의 줄기가 만들어지게 돼. 줄기를 구성하는 대표적인 학문으로는 유전공학과 생물정보학을 들 수 있어. 유전공학으로 DNA의 구조가 밝혀진 이후 생명공학이 급속도로 발전하기 시작했고,

이 과정에서 생물의 유전 정보를 분석하고 조작하는 일이 생명공학의 핵심으로 떠올랐기 때문이지.

이 줄기로부터 생명공학 나무는 하늘을 향해 여러 방향으로 가지를 뻗게 되는데, 이 가지는 생명공학 기술이 응용되는 여러 산업 분야를 의미해. 각 산업 분야는 사람들이 이해하기 쉽도록 분야에 따라 색깔로 구분하여 나타내기도 하지.

생명공학 기술이 식량과 농업 분야에 응용된 경우는 무슨 색깔로 표현하면 적절할 것 같니? 논밭의 식물을 떠올리면 자연스럽게 녹색이라는 답이 따라 나올 거야. '그린 바이오'라고 불리지. 그렇다면 제약이나 의료 분야에는 무슨 색깔이 어울릴까? 건강 검진할 때나 수술 장면을 생각하면 가장 먼저 붉은색의 피가 떠오를 거야. 그래서 '레드 바이오'라는 이름이 붙었어.

한편 환경과 에너지 분야는 공장의 검은 연기를 하얀색으로 바꾼다는 뜻에서 '화이트 바이오', 제품 생산이나 산업적 활용을 위해 해양 자원을 개발하는 분야는 바닷물을 상징하는 색으로부터 이름을 따와 '블루 바이오'라 부르지.

물론 수많은 생명공학 기술 분야를 몇 가지 색깔로만 단순히 구분해서 표현하는 건 쉽지 않아. 그래서 필요에 따라 더 많은 색깔에 비유해서 생명공학 기술 분야를 자세히 구분하기도 해. 참고로 우리나라에서는 지난 2020년, 정부에서 바이오산업 관련 정책과 과제를 발표한 이후 다음과 같이 레드, 그린, 화이트의 세 가지를 주로 사용해서 소통한단다.

바이오 시장	관련 산업	주요 분야
레드 바이오	보건·의료	바이오 의약품 바이오 서비스 바이오 진단 및 분석
그린 바이오	농업·식품·자원	식량 작물 및 축산 천연·바이오 소재
화이트 바이오	에너지·화학	바이오 연료 바이오 플라스틱

2

생명공학은
언제 생겨났을까?

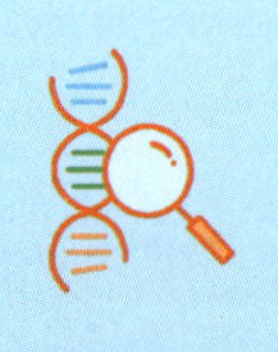

4000년 전에도 생명공학이 있었다고?

생명공학은 사실 새로운 과학이 아니야. 살아 있는 생물을 이용하거나 변형시키는 기술은 인류의 역사만큼이나 오래되었지. 기록에 따르면, 인간은 기원전 약 2000년부터 생명공학 기술을 활용해 왔어.

처음에 인간은 동물을 사냥하거나 식물을 채집하며 생활했어. 하지만 세월이 흘러 동물을 사육하거나 식물을 재배하게 되면서 스스로 식량을 생산하는 기술들을 얻게 되었지. 이것이 바로 생명공학의 시작점이라고 말할 수 있어.

수천 년 동안 인간은 야생에서 발견한 작물을 재배하기 위해 씨앗을 모아서 경작했고, 열매가 많이 열리거나 질 좋은 열매가 열리는 식물을 선택하는 요령을 알게 되었어. 동물을 가축으로 사용하기 위해 길들이는 과정에서도 교배를 통해 더욱 좋은 자손을 얻는 방법을 알게 되었지. 그러면서 서로 다른 품종을 교배하면 부모보다 뛰어난 자손을 얻을 수 있다는 사실 또한 점차 깨닫게 됐어. 이게 바로 오늘날 생명공학의 한 영역인 '육종'으로 발전한 거야.

육종은 생물의 유전적 성질을 이용해 새롭거나 더욱 뛰어난
품종을 만들어 내는 일을 의미해. 1800년대 중반, 오스트리아의
성직자였던 그레고어 멘델은 완두 실험을 바탕으로 생물의 형질
이나 특성이 부모로부터 자손으로 유전된다는 유전 법칙을 발견

멘델의 완두 실험. 세대를 거듭하며 유전되는 생물의 특징은 멘델이 발견한 유전 법칙에 따라
규칙적으로 나타난다. (출처: Public Domain)

생명공학 쫌 아는 10대

했고, 이것이 체계적인 육종 연구의 토대가 되었지.

육종뿐만이 아니야. 인간은 세균을 비롯한 미생물을 실생활에서 유용하게 이용해 왔어. 다양한 발효 세균과 효모는 김치, 빵, 맥주, 와인, 요구르트, 치즈, 식초 등의 발효식품을 만드는 데 사용됐지. 이러한 방법들은 발효식품을 개발하고 생산하는 발효공학으로 오늘날 그 명맥을 이어가고 있어. 이처럼 과거의 생명공학은 학문의 형태를 갖추지는 못하였지만, 인간이 생활 속에서 무의식적이고 경험적으로 사용해 온 기술들로부터 태동하기 시작했어.

현대적 의미에서 생물을 이용한 산업이 본격적으로 발달하기 시작한 것은 1928년 영국의 알렉산더 플레밍이 '페니실린'을 발견하면서부터야. 플레밍은 포도상구균이라는 세균을 배양하던 중 푸른곰팡이로 오염된 배양 접시에서 세균이 죽은 걸 발견했어. 이 사건을 계기로 푸른곰팡이로부터 세균을 죽일 수 있는 물질을 분리하여 페니실린이라고 이름 붙였지.

플레밍이 활동하던 당시에는 상처가 난 부위에 세균이 감염돼서 고름이 생기면 상처 부위를 제거하거나 소독하는 게 치료의 전부였기 때문에 심하게 곪으면 팔다리를 잘라 내거나 죽는 일이 허다했어. 그러니 세균을 죽일 수 있는 최초의 항생 물질 페니실린에 대한 수요가 급격히 증가할 수밖에 없었지.

실제로 페니실린을 발견하기 전이었던 제1차 세계대전 시기 (1914~1918)에는 세균성 폐렴으로 인한 부상자의 사망률이 무려 18퍼센트에 달했어. 하지만 페니실린이 등장한 후인 제2차 세계대전 시기(1939~1945)에는 그 비율이 1퍼센트 미만으로 뚝 떨어졌지. 그 과정에서 미국은 푸른곰팡이를 대량으로 빠르게 키우는 기술을 개발하고자 굉장히 노력했고, 이는 생명공학이 현대적 의미의 학문과 산업으로서 체계를 갖추는 계기가 되었다고 해.

DNA, 염기 서열, 유전자란 무엇일까?

앞으로 우리가 나눌 이야기 속에는 DNA, 염기 서열, 유전자라는 단어가 끊임없이 등장하게 될 거야. 우선 이들의 관계를 간단히 정리할 필요가 있으니 조금만 주의를 기울여 주길 바라.

일반적으로 세포 안에는 유전물질이 실타래처럼 뭉쳐져 있는 '염색체'가 있어. 이 뭉친 유전물질을 잘 풀어 보면 두 개의 유전물질 가닥이 꽈배기처럼 꼬인 형태를 취하고 있는데, 이것을 'DNA'라고 불러. 두 가닥이 나선형으로 꼬여 있다고 해서 'DNA

이중나선'이라고도 말하지. DNA를 이루는 건 A(아데닌), T(티민), C(시토신), G(구아닌)라는 네 가지 성분인데, 이것들이 '염기'야. 그리고 이러한 염기들이 차례로 나열해 있는 것을 '염기 서열'이라고 해.

DNA의 염기 서열에는 유전 정보가 있는 부분도 있고, 별다른 유전 정보가 없는 부분도 있어. 그중 유전 정보가 있는 부분을 '유전자'라고 부르는 거야. 한 개의 염색체에는 수많은 유전자가 있어. 이들은 모두 DNA의 염기 서열로 구성되지. 참고로 우리 인간의 세포에는 이러한 염색체가 46개나 있어!

지금까지의 내용을 연립주택에 비유하면 조금 더 이해가 쉬

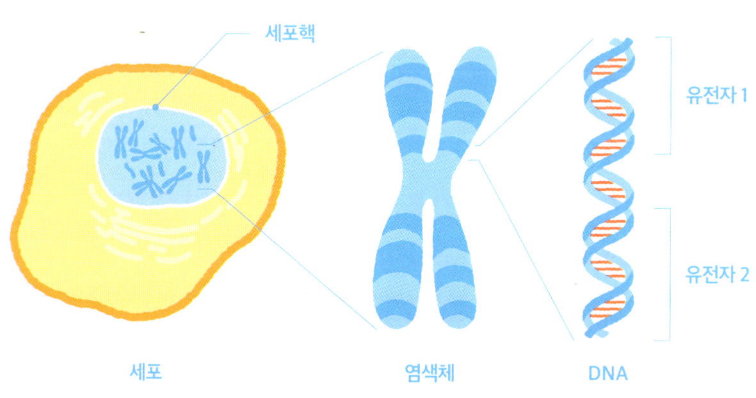

염색체, DNA, 유전자

울 거야. 우리의 세포 안에는 1동부터 46동까지의 빌라 건물(염색체)이 있어. 이 연립주택은 모두 벽돌(염기)을 쌓아 올려서(염기 서열) 만든 거야. 벽돌 사이사이에 다양한 건축 자재들을 합쳐서(DNA) 튼튼하게 말이지. 이렇게 지어진 한 동의 빌라 건물 안에는 여러 집(유전자)이 있어. 집과 집 사이에는 현관이나 엘리베이터 같은, 사람이 살 수 없는 공간(유전 정보가 없는 부분)도 있지.

마침내 풀린 DNA 염기 서열의 암호

이제 용어를 확실히 알았으니 다시 생명공학의 역사로 돌아와서, DNA 이중나선 구조를 밝혀낸 사건에 대해 얘기해 볼게. 이 발견은 제2차 세계대전 이후 본격적인 생명공학 시대를 연 아주 획기적인 사건이었어. 당시의 과학자들은 DNA가 생물의 모습과 특성을 결정짓는 유전물질임을 이미 여러 실험을 통해 확인했지만, 그 구조가 정확히 어떤 모습인지는 자세히 몰랐지.

1952년 영국의 물리화학자 로절린드 프랭클린은 끊임없는 시도 끝에 정확한 DNA 분자의 X선 사진을 찍었어. 그리고 그녀의 상사였던 모리스 윌킨스는 그 사진을 영국 케임브리지대학교의 제임스 왓슨과 프랜시스 크릭에게 보여 주었지. 프랭클린이 찍은 사진을 근거로 왓슨과 크릭은 DNA의 구조가 이중나선임을 밝혀냈고, 이듬해 그들의 연구 결과를 발표했어.

왓슨과 크릭은 본인들이 발표한 DNA 이중나선 구조를 바탕으로, DNA가 복제되기 위해서는 먼저 두 가닥으로 이루어진 DNA가 분리된 후 기존의 가닥에 맞춰 짝꿍이 되는 새 가닥들이 합성된다고도 주장했지.

이건 굉장히 중요한 가설이었어. 왜냐하면 DNA 염기 서열을 분석하고 유전자를 조작하는 모든 작업은 DNA가 어떤 식으로 복제되는지 알아야 가능하기 때문이야. 결국 이들의 주장은 1958년에 매슈 메셀슨과 프랭클린 스탈의 실험을 통해서 사실로 입증되었어.

이를 바탕으로 1977년에 영국의 생화학자 프레더릭 생어는 DNA를 이루는 4종의 염기 A, T, C, G를 배열된 순서대로 읽어 내는 기술을 개발했고, 과학자들은 드디어 유전자 암호를 판독할 수 있게 되었지.

DNA의 염기 서열을 해독한 생어의 업적은 오늘날 첨단 생물학 발전의 귀중한 토대가 되었어. 이 기술을 바탕으로 과학자들은 동물, 식물, 미생물, 그리고 인간의 전체 유전자에 대한 정보

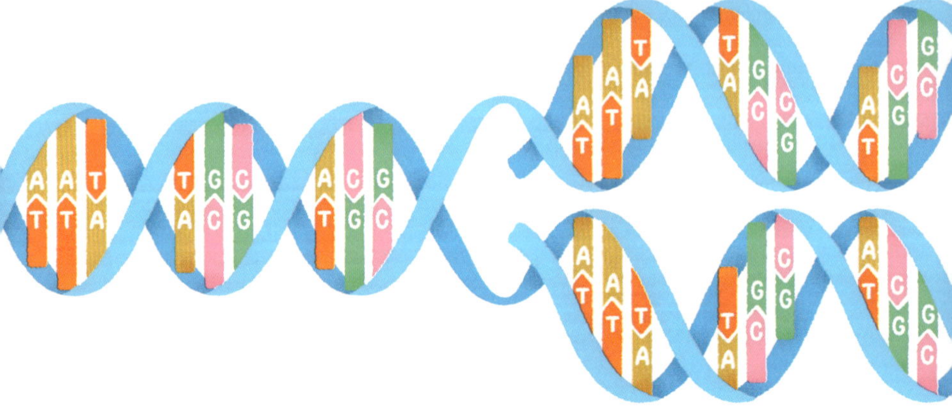

DNA 복제의 원리

　를 확인할 수 있었지. 또한 유전자와 질병 사이 관계도 밝혀낼 수 있었고, 유전자 돌연변이 여부를 검사하거나 약물 치료의 표적을 설정하는 일들이 가능해졌어.

　DNA의 구조와 염기 서열을 모두 분석할 수 있게 된 과학자들은 마지막으로 가장 중요한 도구를 얻게 돼. 바로 DNA를 자르고 붙일 수 있는 가위와 풀 역할을 하는 효소를 발견한 거야.

　1962년 바이러스를 연구하던 스위스의 미생물학자 베르너 아르버는 바이러스에 감염된 세균이 체내에 유입된 바이러스의 DNA를 잘게 잘라 버리는 현상을 목격했어. 그는 이것이 세균이 살아남기 위해 취하는 방어 작용임을 깨닫고, 침입자의 DNA만

골라내어 잘라 버리는 방어 물질이 세균에게 있다는 것을 밝혀 냈지. 그리고 그 물질을 분리해서 '제한 효소'라는 이름을 붙였어.

곧이어 1967년에는 바이러스에 감염된 세균에서 절단된 DNA 가닥들이 서로 연결되는 현상이 목격되었지. 이 과정에서 과학자들은 DNA 조각을 연결하는 효소인 '연결 효소'를 얻어 냈어. 이로써 실험실에서 DNA의 염기 서열을 읽어 내고, 자르고, 붙이는 작업이 모두 가능해진 거야.

생명공학의 끝없는 가능성

DNA 이중나선 구조가 밝혀진 지 약 20년 만에, DNA는 인위적으로 변형하고 편집할 수 있는 공학적 대상으로 주목받기 시작했어. 과거에는 미생물, 동물 세포, 식물 세포가 원래 만들어 내던 물질을 이용하는 것이 전부였지만, 이제는 생물체의 DNA를 직접 조작하고 변형시킴으로써 인간이 원하는 새로운 물질들을 마음대로 생산할 수 있게 된 거지.

과학자들은 미생물이나 식물의 DNA를 조작하는 것을 넘어 동물을 대상으로 한 실험에서도 성과를 보이기 시작했어. 21세기에 전 세계를 가장 떠들썩하게 했던 사건은 아마도 복제 양 돌리의 탄생일 거야. 1996년 스코틀랜드 로슬린연구소의 이언 윌머트 연구팀은 핵이 제거된 양의 난자에 또 다른 양의 젖샘 세포에서 분리해 낸 새로운 핵을 집어넣었어. 그리고 전기 자극을 통해 그 둘을 융합시켰지.

이렇게 만든 배아를 대리모의 자궁에서 성장시킨 후 정상적인 분만 과정을 거쳐 탄생시킨 게 바로 복제양 돌리야. 흥미롭게도 돌리의 모든 유전자는 맨 처음 젖샘 세포를 제공한 양의 유전자와 모두 똑같았어. 과학자들이 생명을 실제로 복제해 낸 거야! 이것은 새끼를 낳기 위해서는 반드시 정자와 난자가 관여해야 한다는 그간의 인식을 뒤바꾸는 획기적인 결과로 평가받기도 했어.

생명공학자들이 미생물과 식물, 그리고 동물의 유전자를 모두 정복했다면, 다음에는 무엇을 목표로 하게 될까? 바로 우리 인간이겠지. 인간의 DNA 염기 서열과 유전자 정보를 모두 알아낼 수 있다면 인간의 특징을 전부 이해하고, 암이나 유전 질환을 모두 정복할 수도 있을 거라 기대했기 때문이야.

그래서 1990년부터 전 세계의 과학자들은 인간의 DNA에 포함된 모든 유전자를 식별하고, DNA 염기 서열 분석을 통해서

세계 최초의 체세포 복제 동물, 돌리. (출처: 위키미디어 코먼스)

모든 유전자의 위치를 표시하는 것을 목표로 하는 '인간 유전체 프로젝트'에 돌입하게 돼. 여기서 '유전체'는 한 생물이 가지는 모든 유전 정보를 의미해.

그로부터 10여 년이 지난 2003년, 마침내 과학자들은 눈동자 색깔, 머리카락 색깔, 키, 몸무게와 같은 특성을 결정하는 유전자부터 유전 질환을 유발하는 수많은 유전자에 이르기까지 인간의 모든 유전자를 밝혀내는 데 성공해. '인간 유전체 지도'를 완성하게 된 거지. 이러한 성과를 바탕으로 현재 생명공학자들은 미지의 유전자를 탐색하거나 인체의 질병을 진단하고 맞춤형 치료제를 개발하는 데 몰두하고 있어.

이제 과학자들은 DNA 서열을 바꾸거나 생명체를 복제하는 것에서 한발 더 나아가 새로운 생명체를 만드는 작업에 도전하고 있어. 실제로 2010년 미국의 생화학자 크레이그 벤터가 이끈 연구팀은 효모의 몸속에 인공적으로 합성한 유전체를 집어넣음으로써 새로운 인공 생명체를 합성하는 데 성공했다고 발표했어.

실험 결과, 새롭게 합성된 효모는 연구팀이 설계한 대로 단백질 등의 생체 분자를 생산해 냈어. 이는 유전체를 통째로 합성함으로써 유용한 물질을 생산하거나 환경을 정화하는 등 인간의 목적대로 인공 생명체를 만드는 것이 가능하다는 것을 의미하는 사건이었지.

이처럼 생명공학 기술은 인간에 의해서, 그리고 인간을 위해서 계속 발전을 거듭해 왔어. 그렇다면 지금까지 축적된 생물학적 지식과 연구를 바탕으로 생명공학 기술은 우리 생활의 각 분야에서 어떻게 활용되고 있는지, 그 과정에서 우리가 받게 될 혜택과 우려되는 부분은 무엇인지 차례차례 살펴볼까?

3

작디작은
미생물의 힘

미생물 생명공학

눈에 보이지 않는 너, 미생물

미생물은 옛날부터 지금까지 과학자들에게 가장 많은 사랑을 받아 온 녀석들이라고 해도 과언이 아니야. 도대체 그들의 정체가 뭐길래 그 오랜 시간 꾸준히 과학자들의 관심을 독차지했을까?

미생물은 영어로 microorganism이라고 하는데, 앞에 있는 'micro'는 '작다'라는 뜻의 고대 그리스어로부터 유래했어. 이름 그대로 미생물은 '눈으로는 볼 수 없는 아주 작은 생물'을 의미하지. 그렇다면 인간은 어떻게 미생물의 존재를 알게 된 걸까? 당연히 봐서 알게 되었지! 단, 눈이 아닌 현미경을 통해서 말이야.

맨 처음 미생물을 볼 수 있는 현미경을 발명하고 미생물을 관찰한 사람은 1600년대 네덜란드의 직물 상인인 안톤 판 레이우엔훅이었어. 그는 전문적인 과학 교육을 받지는 않았지만, 로버트 훅이 쓴 현미경에 관한 책을 읽고 현미경의 매력에 푹 빠졌지. 로버트 훅은 처음으로 현미경을 통해 세포를 관찰한 영국의 과학자야.

호기심이 많던 레이우엔훅은 직접 현미경을 만들어서 곤충을 비롯해 각종 식물, 머리카락, 손톱, 개와 인간의 정자까지 닥치는 대로 관찰했어. 당시 그가 만든 현미경은 훅의 것보다 10배가량이나 성능이 좋아서 사물을 약 270배나 확대해서 들여다볼 수 있었지.

1673년의 어느 날, 레이우엔훅은 집 근처 호수에서 물을 한 바가지 떠 와서 자신의 현미경으로 관찰하고 있었어. 그러다가 물속에서 맨눈으로는 볼 수 없었던 수없이 많은 생명체를 발견하게 된 거야! 인간이 최초로 미생물을 발견한 순간이었지. 이렇게 레이우엔훅의 호기심 덕분에 사람들은 미생물의 존재를 알게 되었어.

대부분의 미생물은 세균이야. 영어로는 박테리아(bacteria)라고 부르지. 세균은 35억 년 이전부터 지구상에 존재해 왔고, 개체 수로 보면 인류보다도 훨씬 많아. 그 수가 얼마나 많냐면 지구에 살고 있는 생명체의 숫자를 하나하나 모두 세었을 때, 세균이 절반 이상을 차지할 정도라고 해. 과학자들의 실험실에서 배양되고 연구 대상이 되는 세균은 그중 1퍼센트도 안 되는 소수에 불과하지.

세균들은 인간의 피부와 몸속을 비롯해 우리가 접촉하는 모든 표면에 존재하고 있어. 심지어 건조한 사막과 뜨거운 온천, 극지방의 만년설, 그리고 압력이 높은 심해 심층수와 같은 지구의

척박한 환경에서도 발견되지. 그래서 과학자들은 새로운 연구 재료를 찾기 위해 지금도 지구 곳곳을 탐색하고 있어.

과학자들은 많은 연구를 통해 미생물에는 세균 외에도 분류학적으로 다른 녀석들이 많다는 걸 밝혀냈어. 빵이니 술을 만들 때 들어가는 효모나 곰팡이와 같은 진균류, 아메바와 짚신벌레, 유글레나와 같은 원생동물, 식물성 플랑크톤으로 통칭하는 조류 등이 바로 그것이지. 한편 바이러스는 생물과 무생물의 특성을 모두 갖고 있어서 '생물과 무생물의 중간적인 존재'로 분류하지만, 감염병이나 병원체에 관해 얘기할 때는 편의상 미생물에 포함시키기도 해.

세균이 사랑스러운 세 가지 이유

이렇게 다양한 종류의 미생물 중에서도 과학자들이 유독 관심을 쏟아 온 녀석은 세균이야. 다른 이유도 많지만, 가장 크게는 다음의 세 가지 때문이지. 하나는 세균이 신속하게 성장하고 분열하기 때문이야. 일반적인 동물이나 식물 세포는 살기 좋은 조건에서 24시간 혹은 더 오랜 시간이 지나야 1개에서 2개로 분열해. 반면, 일반적으로 세균은 20분마다 1개의 세포가 2개로 분열되지. 세균은 우리 인간과 다르게 몸 전체가 단 한 개의 세포로 이루어져 있어. 그러니 20분마다 1마리가 2마리로 늘어나는 것과 같아.

생존에 유리한 조건이 잘 갖추어진 실험실 환경에서는 적은 수의 세균일지라도 빠른 속도로 증식해서 짧은 시간 내에 수백만 개의 세포를 생성할 수 있어. 크기도 매우 작아서 손거울만 한 배양 접시 하나면 그만큼의 세포를 성장시킬 장소로 더할 나위

세균들이 배양 접시 곳곳에서 동그랗게 집락을 형성한 모습. (출처: PxHere)

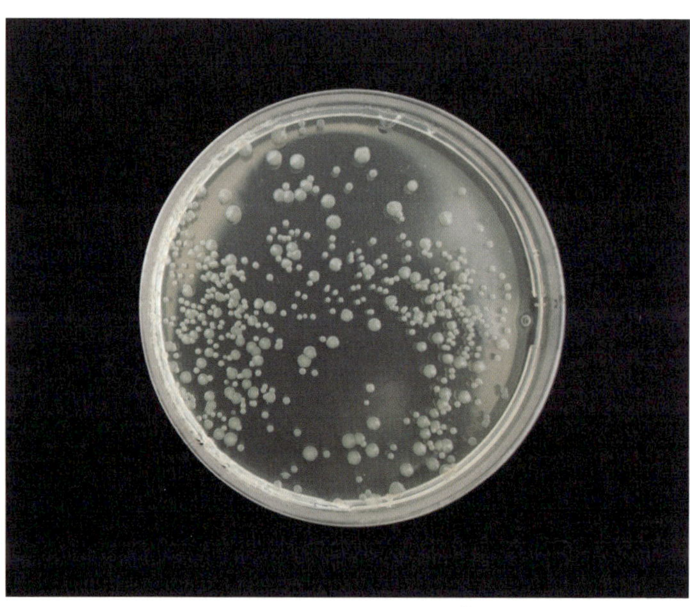

생명공학 쫌 아는 10대

없이 충분하지. 배양 접시 안에서 세균들은 수천에서 수백만 개의 세포들로 이루어진 원형의 집락을 형성하면서 분열해. 그래서 실험에 필요한 만큼 충분한 양의 세균을 키워 내려면 하루나 이틀만 기다리면 돼.

과학자들이 세균을 아끼는 두 번째 이유는 세균이 갖는 다양한 '효소' 때문이야. 효소는 생물체의 몸속에서 다양한 화학 반응이 잘 일어나게끔 촉진하는 물질이야. 예를 들어, 소화와 분해를 말할 때 등장하는 아밀레이스, 펩신, 트립신, 라이페이스 등이 모두 소화 과정에 관여하는 효소들이지. 소화 효소를 비롯해 효소의 종류는 엄청나게 다양해. 그리고 세균은 이들 효소를 얻기 위한 보물창고나 마찬가지지.

그 보물을 몇 가지만 소개해 볼게. PCR 검사라는 말, 익숙하지? 코로나19 진단으로 유명해진 PCR 기법은 DNA 염기 서열 일부분을 계속 복제해서 소량의 DNA를 짧은 시간에 증폭해 내는 기법이야. 이 과정에는 두 가지가 꼭 필요한데, 하나는 DNA 이중나선을 한 가닥씩 분리하기 위한 90℃ 이상의 높은 온도고, 또 하나는 DNA 염기 서열을 연장하는 DNA 중합 효소야.

그런데 일반적인 생물의 DNA 중합 효소는 높은 온도에서 모두 변성되어 기능을 잃어버려. 뜨거운 프라이팬에 날달걀을 얹

으면 하얗게 익어서 처음과는 다르게 변하는 것처럼 말이야. 때마침 과학자들은 미국 옐로스톤 국립공원의 온천에서 호열성 세균을 발견했어. 원래 뜨거운 곳에서 살던 녀석이라, 이 세균이 가진 DNA 중합 효소는 고온을 견디는 특별한 성질을 가지고 있었지! 이 세균 덕분에 과학자들은 PCR 기법을 자유롭게 활용할 수 있게 된 거야.

이외에도 대장균에서 분리한 셀룰레이스 효소는 청바지를 부드럽게 하고 적당한 탈색과 해진 느낌을 내는 데 쓰이고, 고초균에서 분리한 단백질 분해 효소는 세탁 세제를 만들 때 중요한 성분으로 사용되고 있어. 이처럼 세균의 효소는 실험과 우리 생활에 다방면으로 활용되고 있지.

과학자들이 세균을 아끼는 세 번째 이유는 세균이 갖는 특별한 DNA인 '플라스미드(plasmid)' 때문이야. 플라스미드는 세균의 몸속에 유전체 DNA와는 별도로 존재하는 고리 모양의 작은 DNA를 말해. 컴퓨터에 비유한다면, 세균의 유전체 DNA는 본체, 플라스미드는 USB라고 말할 수 있지. 본체는 1개지만, USB는 여러 개를 두고 다른 사람과 공유할 수 있잖아. 이와 유사하게 세균은 플라스미드를 복제하고 그 수를 늘려서 다른 세균에게도 쉽게 전달할 수 있어.

흥미롭게도 플라스미드는 세균의 생존에 필수적이지 않아.
USB가 없더라도 컴퓨터가 작동하는 데는 전혀 문제가 없는 것
처럼 말이야. 플라스미드는 그 크기가 작고 다루기가 간편해서
기술적으로 세균으로부터 분리해 내거나 다시 세균에게 집어넣
기도 쉬워.

플라스미드 DNA에 외부 DNA를 끼워 넣고 다시 세균의 몸

속에 넣어 주면, 세균은 컴퓨터가 USB의 파일을 실행하듯 인간이 집어넣은 DNA도 자기 것으로 인식하고 성실하게 발현시키지. 그래서 세균은 DNA 조작을 위한 가장 중요한 도구로 여겨졌어. 어때, 과학자들이 사랑할 만하지?

세균을 변신시키는 방법

그렇다면 어떻게 생명공학자들은 플라스미드 DNA와 효소들을 이용해서 세균의 DNA를 조작할까? 옆에 있는 그림을 보면 그 과정을 쉽게 이해할 수 있을 거야.

먼저 세균으로부터 플라스미드 DNA를 꺼내서 외부 DNA 조각과 연결해야 해. 이미 완성된 팔찌의 매듭을 풀고 구슬을 하나 더 끼워 넣는 거랑 비슷하다고 보면 돼. 이 과정에서 플라스미드는 주로 대장균의 것을 사용해. 식품을 오염시켜 식중독이나 일으키는, 쓸데없고 해로운 세균이라고만 여겼던 대장균이 생명공학 기술에 활용되다니 정말 의외지?

플라스미드 DNA를 잘라 틈을 만들 때는 가위 역할을 하는 제한 효소가 활용돼. 이렇게 생긴 벌어진 틈에 외부 DNA 조각을 연

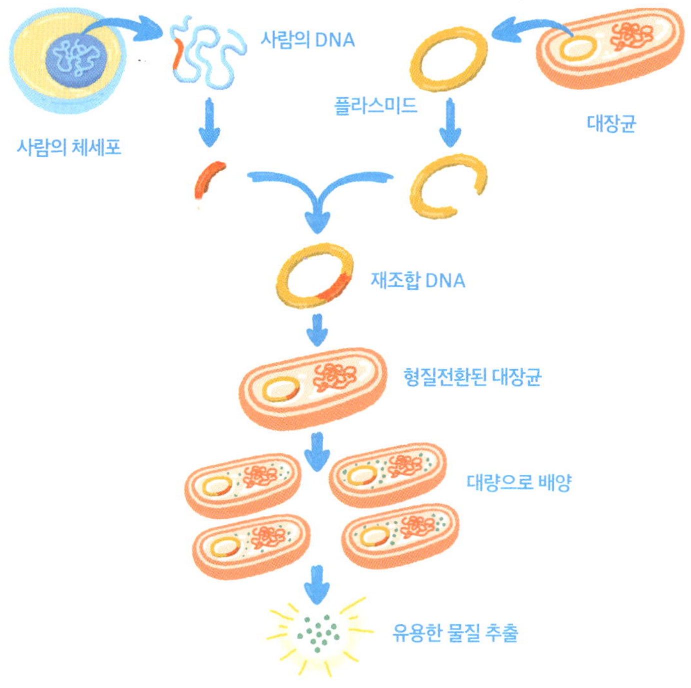

재조합 DNA를 만드는 방법

결하는 거지. 외부 DNA는 인간의 호르몬을 만드는 유전자 서열일 수도 있고, 다른 동물이나 식물의 단백질을 만드는 유전자 서열일 수도 있어. 이렇게 완성된 '대장균의 플라스미드 DNA+외부 DNA 조각'은 서로 다른 종의 DNA를 새롭게 조합했다고 해서 '재조합 DNA'라고 불러.

재조합 DNA를 쓰려면 다시 대장균에 넣어 줘야 해. 왜냐하면 살아 있는 생물만이 인간의 유전자를 바탕으로 실제 호르몬이나 단백질과 같은 유용한 물질을 만들어 낼 수 있으니까. 그렇게 재조합 DNA를 갖게 된 대장균은 외부로부터 주어진 DNA에 의해 생물의 성질이 변했기 때문에 '형질전환(transformation)' 되었다고 말해. 어딘가 익숙한 영어 단어지? 맞아! 영화나 애니메이션에서 자동차가 로봇으로 변신할 때 외치던 주문인 바로 그 '트랜스포메이션'이야. 세균도 새로운 DNA를 받아들여 이전과는 다른 세균으로 변신한 거지.

형질전환을 거친 대장균도 일반 대장균과 마찬가지로 20분에 한 번씩 세포를 분열해서 증식하게 돼. 며칠 정도 배양한 후 유용한 물질을 분리하고 정제하면 인간에게서는 소량만 만들어지는 호르몬이나 단백질도 손쉽게 대량으로 얻을 수 있어. 생명공학자들은 이런 방법으로 인간의 인슐린 호르몬을 만드는 대장균을 탄생시켰지.

당뇨병 환자 중에는 혈액의 포도당 농도를 조절하기 위해 인슐린이라는 호르몬 주사를 맞아야 하는 사람들이 있어. 그런데 과거에는 사람에게 주사하기 위한 인간의 인슐린을 얻을 방법이 없었어. 그래서 주로 소와 돼지의 인슐린을 추출해서 당뇨병 치료에 사용했지.

환자에게 투여하기 위해 이렇게 얻어 낸 인슐린은 인간이 아닌 다른 동물의 것이어서 부작용이 적지 않았어. 적은 생산량, 비싼 비용도 모두 문제였지.

그래서 생명공학자들은 세균이 인간의 인슐린을 만들어 내도록 세균의 유전자를 조작한 거야. 이렇게 세균으로부터 얻은 인간의 인슐린은 1982년 미국 식품의약국(FDA)의 승인을 받고 정식으로 판매되기 시작했어. 재조합 DNA 기술로 만든 의약품 중에서는 세계 최초였지.

왜소증으로 고통받는 아이들을 위한 성장 호르몬도 같은 원리로 개발되었어. 그전까지 성장 호르몬은 인간 사체의 뇌 조직으로부터 분리해서 얻었거든. 살아 있는 사람의 뇌에서 호르몬을 빼낼 수는 없는 노릇이니까 말이야. 이러한 방법은 비싼 비용도 문제였지만, 호르몬을 분리하는 과정에서 오염이 일어날 수 있어서 매우 위험했어. 그런데 세균의 형질전환이 이런 위험을 극복할 수 있게 해 준 거야.

인슐린과 성장 호르몬 외에도 혈액응고 인자, 인터페론, 적혈구 생성소 등 한때 충분한 양을 얻기 어려웠던 다양한 종류의 치료 단백질들이 재조합 DNA 기술을 바탕으로 만들어지고 있어. 이쯤 되니 세균이 정말 고마운 존재라는 생각이 들지 않니?

사람마다 다른 미생물군집

최근의 과학자들은 또 어떻게 미생물을 활용하고 있냐고? 지피지기면 백전백승이라잖아. 과학자들은 미생물의 DNA를 완전히 밝히면 활용 범위가 더 넓어질 것이라 생각했어. 그래서 2007년에 미국 국립보건원은 인간의 피부 표면과 몸속에 서식하는 세균, 바이러스, 효모, 그리고 기타 미생물의 유전체를 구성하는 모든 염기 서열을 완전히 해독하기 위해 1억 7,000만 달러 프로젝트인 '인간 미생물군집 프로젝트'를 시작했지.

전 세계 80개 기관으로부터 약 200명의 과학자가 참여한 이 프로젝트는 미국에 거주하는 242명의 건강한 사람들을 대상으로 이들의 몸에 존재하는 미생물과 바이러스를 조사했어. 결과가 어땠냐고? 인간 미생물군집 프로젝트 덕분에 인간의 몸에 있는 미생물과 바이러스 중 80~99퍼센트의 정보가 밝혀졌어. 재미있는 점은 사람마다 몸속에 무려 1,000여 개에 이르는 세균 균주들이 존재하는데, 이러한 미생물군집이 사람마다 근본적으로 달랐다는 점이야.

이건 굉장히 중요한 발견이야. 왜냐하면 이 정보를 바탕으로 건강한 사람들은 어떤 미생물을 갖는지, 건선이나 과민성 대장 증후군, 비만과 같은 만성 질병에 걸리는 사람들의 미생물군집은 어떻게 다른지를 조사해서 치료법을 제안할 수 있거든. 심지어 다가올 미래에는 범죄 현상에서 용의자들의 신원을 확인하기 위해 미생물군집을 활용할지도 몰라!

실제로 2013년에 미국 캘리포니아대학교의 한 연구팀은 대학생 101명의 피부에 있는 미생물의 DNA 염기 서열을 분석했어. 그중 49명은 여드름이 있었고, 52명은 없었지. 이들로부터 열 종류의 여드름균 균주가 발견되었는데, 이 중 6개는 여드름이 난 학생들 사이에서 더 흔하게 발견되었어. 이들 유전 정보를 바탕으로 새로운 약물을 개발한다면 우리가 여드름으로 고민하고 속상해하는 시간이 줄어들지 않을까?

신의 영역에 도전하다

과학자들은 미생물의 염기 서열을 알아낸 것에 만족하지 않았어. 맛있는 떡볶이를 먹으면 그 맛을 그대로 내 보려고 집에서 도전해 보는 것처럼, 과학자들도 이렇게나 유용한 미생물을 직접 만들어 보고자 도전했지.

2장에서 소개한 미국 생화학자 크레이그 벤터 기억나지? 그가 이끈 연구팀은 2010년 인공 생명체를 만들었어. 화학적으로 합성한 유전물질을 실제로 존재하는 효모의 염기 서열대로 조립한 뒤, 이를 유사한 효모에 이식함으로써 만들어 낸 거야.

그 후 11년이 지난 2021년, 벤터 연구팀은 이 인공 미생물이 가진 유전자의 개수를 절반 정도로 줄인 새로운 인공 미생물을 세상에 공개했어. 생존에 불필요한 유전자를 모두 없애고 생존과 세포 분열에 필요한 492개의 유전자만 지닌 인공 생명체를 만든 것이었지. 심지어 이 인공 생명체는 스스로 증식하는 능력도 갖추고 있었어.

자연적인 미생물보다 더 적은 수의 유전자를 가진 미생물이 실험실에서 인공적으로 탄생한 거야. 벤터 연구팀의 최종 목표는 바이오 연료를 합성하는 데 사용할 수 있는 미생물을 창조하는 것이었어. 바이오 연료를 쓰게 되면 화석 연료 사용이 줄어 지구 온난화를 늦출 수 있거든.

현재 미국에서는 옥수수를 이용한 세균 발효를 통해 매년 약 190억 리터의 바이오 에탄올을 생산하고 있어. 바이오 에탄올을 생산하려면 곡물의 전분이나 식물 세포벽의 셀룰로스 성분을 포도당으로 분해해야 하지만, 사실 그렇게 쉽게 분해되지 않아. 어렵게 분해한 포도당을 다시 발효 미생물에 투입해 바이오 에탄올을 만들지만, 이 과정도 쉽지 않지. 셀룰로스를 포도당으로 분해

할 때 화학적인 처리 방법을 쓰는데, 이로 인해 미생물의 성장이 억제되면서 에탄올을 만드는 발효의 효율이 떨어지기 때문이야.

그래서 과학자들은 벤터 연구팀의 기법을 활용해 에탄올을 만드는 세균의 능력을 높이려고 노력하고 있어. 포도당을 에탄올로 더 잘 전환하도록 세균의 DNA를 조작하는 거지. 이처럼 컴퓨터 프로그램을 짜듯 생명체의 DNA를 변형해 특정 물질의 생산에 최적화되도록 하는 연구 분야를 합성생물학이라고 해.

합성생물학이 적용된 사례는 비단 바이오 에탄올뿐만이 아니야. 향료나 화장품에 들어가는 자몽이나 오렌지 향을 내는 성분을 만드는 효모도 이렇게 디자인되었지. 새로운 맛과 향을 가진 맥주를 생산하기 위해 합성생물학적 방법을 활용해서 새로운 효모 만들기에 도전하는 과학자들도 있어.

2015년, 미국 스탠퍼드대학교 연구팀은 효모에 여러 생물의 유전자를 집어넣어 아편 성분을 만드는 데 성공했다고 밝혔어. 아편은 모르핀이라는 강력한 마취제 겸 진통제의 원료야. 해당 원료는 양귀비라는 식물에서 추출할 수 있는데, 추출로부터 모르핀을 만드는 데까지 일반적으로 1년 정도 걸리지. 그런데 합성생물학 기술을 활용해서 효모가 바로 모르핀을 만들어 낼 수 있게 한 거야.

아편은 마약의 재료가 되기도 해서 양귀비 재배는 불법이었는데, 이제 양귀비를 재배하지 않고도 진통제를 저렴한 가격으로 공급할 수 있게 된 거지. 그러자 생산성에 대한 찬사와 함께 누구나 술을 빚듯 손쉽게 마약을 제조할 수 있다는 비판이 제기됐어.

물론 당장 집에서 효모를 이용해 마약을 만들 만큼의 아편을 빚는 건 쉽지 않아. 현재로선 한 통의 진통제를 만들기 위해 1만 6,000리터의 효모가 필요하기 때문이지. 하지만 합성생물학 기술이 누구를 위해 사용되느냐에 따라 위험성이 있다는 것만은 사실이야.

더 무서운 예를 들어 볼까? 2005년 미국 육군 병리학연구소의 과학자들은 1918년 스페인에서 발생해 전 세계로 퍼지면서 약 5,000만 명을 몰살한 스페인 독감 바이러스의 유전자 정보를 알아냈어. 이것을 인간에서 유래한 신장 세포에 넣어 재생시킨 뒤 생쥐에게 주입하자, 생쥐의 폐에서 바이러스가 약 4만 배로 늘어나서 3~6일 만에 모든 생쥐가 죽고 말았지.

스페인 독감은 인류 역사가 기록하는 독감으로는 가장 사망자가 많은 것으로 추정되고 있어. 스페인 독감의 바이러스는 당시 독감에 걸린 희생자가 모두 사망했기 때문에 그 정체가 밝혀지지 않은 채 희생자들과 함께 지구상에서 사라졌지. 그런데 과학자들이 알래스카의 영구 동토층에 묻혀 있던 스페인 독감 사망자의 신체 조직으로부터 바이러스를 복원해 낸 거야. 이처럼 새로운 생물 무기를 개발하기 위해 합성생물학이 악용될 우려는 얼마든지 있어.

그래서 과학자들의 연구 윤리가 무엇보다 중요해. 이건 핵분열 원리로 원자 폭탄을 만들지, 아니면 원자력 발전소를 만들지를 선택하는 것과 같은 문제니까. 분명 다양한 논란은 있지만, 현재 합성생물학은 새로운 바이오 약품을 만들고, 환경을 정화할 수 있는 유전자가 탑재된 미생물을 개발하는 등의 잠재력이 많은, 생명공학의 매우 중요한 영역인 것은 분명해.

4

어디서든 자라고
무엇으로든 변하는

식물 생명공학

식물의 이름에 숨은 비밀

야생 겨자와 양배추, 브로콜리, 콜라비의 공통점은 무엇일까? 모르겠다면 아래 표를 한번 참고해 봐.

국명(Korean name)	학명(Scientific name)
야생 겨자	*Brassica oleracea*
양배추	*Brassica oleracea* var. *capitata*
브로콜리	*Brassica oleracea* var. *italica*
콜라비	*Brassica oleracea* var. *gongylodes*

각 식물의 학명을 보고 짐작할 수 있듯이 얘네들은 모두 가족이야. 분류학자들은 식물의 이름을 쓸 때 이처럼 두 단어의 라틴어로 구성된 '학명'을 사용해. 학명의 체계가 낯설 테지만 우리들의 이름과 비슷하다고 생각하면 돼. '박온유'라는 이름이 박씨 집안의 온유라는 사람을 가리키는 것처럼 이들의 학명 *Brassica oleracea*는 배추(Brassica) 집안의 채소(oleracea)를 의미하지.

여기서 var.는 variety(품종)의 줄임말로, 환경이나 유전으로 인해 변이가 발생해서 완전한 개체로 정착했다는 걸 나타내는 단어야. 그러니까 이들의 학명을 쭉 살펴보면, 야생 겨자와 양배추, 브로콜리, 콜라비는 모두 같은 집안이고, 모두 야생 겨자라는 하나의 식물에서 파생되어 생겨난 품종이라는 걸 알 수 있지.

야생 겨자를 부위별로 보면 그 관계를 더 쉽게 파악할 수 있어. 야생 겨자에서 줄기를 발달시켜 얻어 낸 것이 콜라비, 잎을 발

야생 겨자의 품종 개량

달시켜 얻은 것이 케일, 꽃눈과 줄기는 브로콜리, 꽃눈만은 콜리플라워, 잎눈이 양배추, 곁눈을 발달시켜 얻어 낸 것이 방울양배추지.

이처럼 모두 같은 종이지만 마치 다른 종처럼 생김새가 전혀 달라진 것은 모두 오랜 기간에 걸친 품종 개량의 결과야. 오늘날 우리가 식탁에서 만나는 작물 거의 전부가 품종 개량의 결과물이라고 해도 과언이 아니지. 이들 대부분이 자연적으로는 절대 만들어질 수 없는 모습을 하고 있거든.

이렇듯 품종 개량은 생물이 가지고 있는 유전자를 변형시키는 행위야. 그런데 왜 이런 일을 하는 거냐고? 식물의 식감, 영양소, 용도, 조리 방법, 저장 기간, 재배 방법 등에서 인간이 원하는 특성을 특화해 다양한 식량 자원을 얻기 위해서지. 그래서 식물의 품종 개량은 전통적인 식물 생명공학 분야로 볼 수 있어.

감자와 토마토를 합치면 무엇이 될까?

이러한 전통적인 품종 개량 방법은 앞으로도 계속 쓰이겠지만, 인구가 늘어나는 속도에 비하면 생산성과 품질을 높이는 데 한계에 직면해 있어. 인간이 원하는 우량한 형질의 식물을 얻기까지는 시간이 오래 걸리고, 그마저도 성공할지 실패할지 모르는 확률에 의존해야 한다는 단점이 있기 때문이야. 그래서 과학자들은 또 다른 생명공학 기술로 기존 품종 개량 방법의 한계를 극복하려고 노력하게 되었어.

이 과정에서 서로 다른 세포를 융합시켜 하나의 세포로 만드는 '세포 융합 기술'이 주목받았지. 이 기술은 유전자를 조작하려는 목적보다는 각각의 세포의 장점을 모두 얻고자 하는 목적으로 시행되었어. 그렇게 탄생한 것이 1978년 독일 막스플랑크연구소에서 개발한 '포마토'야.

감자(포테이토)와 토마토의 합성어인 포마토는 땅 위에서는 토마토 열매가 열리고 땅 밑에서는 감자가 만들어지도록 두 식물의 세포를 융합한 결과였지. 이외에도 가자(가지+감자), 무추(무+배추), 양무추(양배추+무) 등이 개발되었어.

이게 가능한 이유는 식물이 가진 아주 특별한 능력인 '전능성' 때문이야. 전능성은 하나의 세포가 분열하여 다시 완전한 개체를 형성하는 능력을 말해. 예를 들어, 당근을 구성하는 식물의 어느 부분에서 세포를 얻더라도 그 세포가 분열만 할 수 있다면 다시 완전한 당근을 만들어 낼 수 있지. 물론 식물 생장에 유리한 조건을 갖춘 실험실에서 말이야.

한편, 식물과 달리 동물은 정자와 난자가 수정된 직후의 초기 세포만이 전능성을 갖고 있어. 그리고 발생이 진행됨에 따라 점점 전능성을 상실하게 되지. 그래서 두 종류의 동물 세포를 융합하더라도 두 동물의 특징을 모두 갖는 새로운 동물로 자라나는 건 불가능해. 단지 두 세포의 특징을 갖는 세포에서 멈출 뿐이지.

이렇게 개발된 포마토나 가자, 무추 같은 것들은 안타깝게도 마트에서 찾아보기 힘들어. 그 이유는 사과 열매를 키우는 과정을 생각해 보면 쉽게 알 수 있어. 사과나무 한 그루에 사과가 너무 많이 맺히면 열매가 작아지고 품질이 떨어지기 때문에 농부는 적당량의 사과만 열리도록 솎아주기를 해. 이와는 반대로 포마토는 위로는 토마토, 아래로는 감자로 제한된 양분을 나누어야 하니 실제로 얻는 열매의 품질이 기존의 토마토나 감자보다 떨어질 수밖에 없지.

식물의 유전자를 바꾸고 싶다면

세포 융합의 효과가 기대에 미치지 못한다면 유전자를 조작하면 어떨까? '조작'이라는 단어가 운명이나 순리를 거스르는 것처럼 여겨져서 막연한 거부감이 들지도 몰라. 하지만 앞서 소개했던 '품종 개량' 역시 자연적으로 주어진 유전자를 바꾸는 작업에 해당해. 심지어 품종 개량은 원하는 유전자를 정밀하게 조정할 수 없어서 유전자의 많은 부분을 바꾸게 되지.

이에 비해 유전자 조작은 매우 적은 수의 유전자를 변형시키는 행위야. 즉, 품종 개량으로 달콤한 과실을 얻기 위해서는 과실의 색이 변하거나, 작물이 병충해에 약해진다든가 하는 수많은 시행착오를 거쳐야 하지만, 유전자 조작은 과실의 당도면 당도, 크기면 크기, 병충해 저항성이면 병충해 저항성 등 관련된 바로 그 유전자만 건드리면 돼. 그러니까 유전자 조작은 품종 개량 기술이 좀 더 정밀해진 거라고 볼 수 있어.

그렇다면 식물의 유전자를 어떻게 바꿀 수 있을까? 세균에서 플라스미드를 꺼내 외부의 유전자를 끼워 넣고 다시 세균의 몸속에 넣어 주었던 방식과 비슷해. 식물의 경우엔 주로 '뿌리혹박테리아'를 이용하지.

자연에서 이 세균은 식물의 상처 부위를 통해 식물 내부로 들어가서 자기의 유전자를 식물 세포의 DNA 염기 서열 사이에 끼워 넣어. 뿌리혹박테리아의 유전자가 발현되면 식물 뿌리 부분의 세포가 과도하게 증식하면서 세균에게 살 공간과 먹이를 제공하는 혹이 만들어져. 그래서 이 세균의 이름이 뿌리혹박테리아인 거야.

과학자들은 뿌리혹박테리아가 식물에 끼워 넣는 유전자의 DNA 염기 서열을 인간이 발현시키길 원하는 유전자의 DNA 염기 서열로 바꿨어. 뿌리혹을 만들게 하는 대신 식물에게 DNA를 전달하는 역할을 하게끔 유도한 거지. 마치 바이러스가 다른 생물을 감염시키는 것처럼 말이야.

뿌리혹박테리아를 이용하는 방법 외에도 DNA로 코팅된 아주 작은 금이나 텅스텐 구슬을 식물 세포에 발사하는 유전자 총(gene gun) 방법이나 유전자 가위 방법 등의 여러 기술이 도입되면서 과학자들은 더욱 정교하게 식물의 유전자를 조작할 수 있게 되었어.

유전자 변형 작물의 등장

이와 같은 방법을 활용해서 1986년 미국의 한 생명공학 기업은 세계 최초의 유전자 변형 작물(GMO)인 '무르지 않는 토마토'를 개발했어. 일반적인 토마토는 막 땄을 때 단단하고 향과 윤기가 좋지만, 금세 물러진다는 단점이 있거든. 줄기에서 떨어진 토마토가 익는 동안 펙틴 분해효소가 토마토의 세포벽을 구성하는 펙틴 성분을 분해하기 때문이지. 그래서 과학자들은 토마토의 DNA에 이 효소의 작용을 방해하는 물질을 생산할 수 있는 유전자를 추가했어.

　과연 그 결과는 어땠을까? 예상대로 유전자 조작 토마토의 숙성이 멈추면서 시간이 지나도 금방 수확한 것처럼 싱싱한 토마토를 얻을 수 있었지. 그래서 이 토마토에는 언제까지나 향을 간직한다는 뜻의 '플레이버 세이버'라는 새 이름이 붙었어. 그리고 1994년에 미국 식품의약국(FDA)의 승인을 받아 유전자 변형 작물 중에선 최초로 판매를 시작했지.

　하지만 유전자 조작 토마토의 생명은 길지 않았어. 안타깝게도 이 토마토는 이름과 달리 향이 없었고, 밋밋하다는 평을 들을 정도로 맛이 없었대. 결국 판매가 저조했던 플레이버 세이버는 1997년에 생산 중단 결정이 내려졌어.

　유전자 변형 작물이 제대로 알려지기 시작한 것은 1995년 미국의 한 농업 생명공학 회사가 유전자 조작 콩을 상품화해서 판매하면서부터야. 당시 이 회사는 '글리포세이트'라는 화학 물질을 주성분으로 하는 제초제를 생산하고 있었어. 글리포세이트는 식물의 생장과 생존에 꼭 필요한 물질을 합성하는 EPSPS라는 효소를 억제해서 식물이 죽도록 만들지.

　그런데 식물과 마찬가지로 EPSPS 효소를 가진 세균이 있어. 과학자들은 이 세균에서 얻어 낸 EPSPS 유전자를 콩의 DNA에 집어넣었지. 이렇게 유전자가 조작된 콩은 식물의 EPSPS가 아니라 세균에서 유래한 EPSPS를 갖기 때문에 글리포세이트를 뿌리더라도 죽지 않았어. 주변의 잡초들은 글리포세이트에 속수무책으로 죽을 수밖에 없었지만 말이야. 그래서 농부들은 잡초 걱정 없이 넓은 밭에 콩을 잔뜩 키울 수 있었고, 회사는 제초제와 유전자 조작 콩을 세트로 판매해서 많은 이익을 얻었지.

농작물 재배에 방해가 되는 건 잡초뿐만이 아니야. 작물을 갉아 먹는 곤충이나 애벌레도 골칫거리지. 농부들은 보통 살충제를 뿌려서 이런 해충들을 제거해. 이와 관련하여 과학자들은 특정 토양 미생물이 만들어 내는 독성 물질이 해로운 곤충과 애벌레를 죽인다는 사실을 발견했어. 그래서 이 물질에 해당 미생물의 학명 중 맨 앞 두 글자를 따서 'BT 독성 물질'이라는 이름을 붙였지.

과학자들은 BT 독성 물질의 유전자를 식물의 DNA에 도입해서 식물이 직접 BT 독성 물질을 만들어 내도록 유도했어. 이런 방식의 유전자 조작은 담배, 토마토, 옥수수, 면화 등의 식물에 적용될 수 있었지. 이제 이 식물들을 갉아 먹으려고 시도하는 곤충은 살충제를 먹는 거나 마찬가지인 운명을 맞게 되는 거야.

이런 유명한 사례들 외에도 과학자들은 식물에 바이러스의 유전자 일부를 집어넣음으로써 식물이 처음부터 바이러스에 면역력을 갖추도록 만들기도 했어. 우리가 태어나자마자 감염병 예방을 위해 백신을 맞는 것처럼 말이야.

생명공학 회사들은 유전자 변형 작물을 단백질 약이나 백신을 대량으로 생산하는 소규모 공장으로 사용하기 위해 연구하기도 했어. 담배 식물의 잎에서 독감 인플루엔자 백신이 만들어지도록 하거나, 토마토나 바나나에서 간염 바이러스 백신이 만들어지도록 한 예가 바로 그것이지.

식물의 변신은 무죄

유전자 변형 작물의 등장 이후 한편으로는 인간과 환경에 미칠 잠재적인 효과 때문에 사람들의 걱정이 늘어난 것도 사실이야. 자연적인 것이 안전한 것이라는 인식이 있으니 유전자를 인위적으로 조작해서 탄생시킨, 확실하게 비자연적인 식물은 위험하다는 생각이 드는 게 어찌 보면 당연하지.

그 결과, 환경운동가들은 유전자 조작 식물을 만드는 회사에 반대하는 목소리를 내기 시작했어. 식물을 죽이는 글리포세이트를 주성분으로 하는 제초제에도 살아남는 콩이 인간에게 해롭지 않겠냐면서 말이지. 다행히도 동물은 글리포세이트가 공격 대상으로 삼는 효소를 갖고 있지 않아. 유전자 조작 식물도 글리포세이트에 영향을 받지 않는 효소를 첨가해 준 것일 뿐이지. 즉, 식물 자체에는 문제가 없어.

물론 제초제의 성분과 안전성 논란은 또 다른 문제긴 해. 제조사는 반세기 가까이 전 세계적으로 사용 중인 성분을 쓰기 때문에 안전하다고 주장하지만, 제품을 둘러싼 논란은 여전히 계속되고 있지. 특히 글리포세이트는 유전자 변형 작물 재배에 활용되면서 사용량이 크게 늘었기 때문에 수확한 곡물에 해당 성분이 남거나, 토양을 오염시키는 등 다른 여러 문제를 낳고 있어.

또한 BT 독성 물질을 만들어 내는 작물이 인간에게는 얼마나 해로울지 걱정하는 목소리도 있어. 인간도 작물을 먹으면서 해당 작물에 포함된 살충제를 직접 먹는 거나 마찬가지라는 생각 때문이지. 다행히도 BT 독성 물질은 인간을 포함한 포유류나 조류에게는 해가 없다고 알려져 있어. BT 독성 물질은 곤충의 소화관처럼 염기성인 환경에서는 작동하지만, 인간의 위처럼 산성인 상태에서는 파괴되기 때문이야.

BT 독성 물질을 만들어 내는 면화(BT 면화)가 인도에 도입된 이후, 인도에서 면화를 재배하는 농민의 빈곤 자살 문제가 세계적인 이슈로 떠오르기도 했어. 하지만 이 시기는 인도가 세계무역기구(WTO)에 가입하면서 인도에 값싼 면화가 대량 수입되어 농민들의 수입이 급감한 때야. 오히려 BT 면화 종자 도입 이후 평균적인 인도 면화 생산량은 헥타르당 300킬로그램에서 헥타르당 500킬로그램으로 증가했고, 살충제 사용량은 거의 절반으로 줄어들었지.

물론 인간의 생명과 안전은 언제나 무엇보다 가장 우선시돼야 해. 하지만 문제의 원인이 유전자 조작 식물 자체에 있는지, 아니면 그것을 판매하거나 이용하는 과정에 있는지를 자세히 검토하고 살피는 것 또한 중요하다는 생각이 들지 않니?

유전자 변형 작물을 규제하는 일에도 고민해야 할 게 많아. 생명공학 기술이 발달한 오늘날에는 유전자 변형 작물의 범위를 어디서부터 어디까지로 할지부터가 어렵거든. 사람들이 먹는 거의 모든 작물이 유전자 변형을 겪어 온 것이기 때문에 무엇이 유전자 변형 작물이고, 무엇이 아닌지를 구분하는 것조차 상당히 애매모호해.

엄밀히 따지자면 전통적인 품종 개량도 과학적으로는 유전자 변형에 속하는데, 그럼 품종 개량의 결과물 또한 유전자 변형 작물로 인정해야 하는 건 아닐까? 그게 아니라 직접적으로 유전자를 조작한 것들만 유전자 변형으로 인정하겠다면, 원래는 식물에 없던 외부 유전자를 추가한 것, 원래는 식물에 있던 유전자를 없앤 것, 원래는 식물에 있던 유전자를 일부 수정한 것, 이들 중 어디까지를 유전자 변형 작물로 인정해야 할까?

그런데도 무리한 작업을 거쳐 유전자 변형 작물의 범위를 합의하여 정하고 그것들의 재배를 모두 금지했다고 가정해 보면, 이 또한 심각해져. 미국 퍼듀대학교 연구팀은 미국의 모든 유전자 변형 작물이 없어지게 됐을 때 옥수수는 현재보다 28퍼센트, 콩은 22퍼센트 비싸질 것이라 예측했어. 작물의 생산량이 감소하면서 기존과 같은 양을 생산하기 위해 더 많은 농지가 요구되고 온실가스 배출은 오히려 늘어나기 때문이었지.

물론 유전자 변형 작물의 도입을 무조건 찬성할 수만도 없는 노릇이야. 가장 큰 이유는 인체에 대한 안정성이 증명되지 않았기 때문이지. 유전자 변형 작물을 섭취했을 때 음식물이 우리 몸에 어떤 영향을 끼치는지는 적어도 수십 년이 지나야 알 수 있다는 의견이 많거든.

새로운 종이 출현하거나 돌연변이가 생길 것이라는 우려도 있어. 만약 병충해로부터 강한 유전자 변형 작물을 만들었다면, 그로 인해 더 강한 내성을 가진 해충과 잡초들이 생겨날지도 모른다면서 말이지. 실제로 2005년에 유전자 변형 작물 시험 재배지에서 제초제 저항성 유전자를 갖는 슈퍼잡초가 태어났고, 그 우려는 사실로 밝혀졌어.

게다가 유전자 변형 작물의 개발에는 막대한 비용이 들기 때문에 부유한 선진국이나 다국적 기업이 절대적으로 유리해. 아직 우리나라도 개발보다는 전량 수입에 의존한다는 사실을 참고한다면 어느 정도는 이해가 될 거야.

이러한 상황에서 만일 유전자 변형 작물의 종자와 기술력을 가진 선진국이나 기업이 작물의 종자에 대해 독점권을 주장하며 식량 자원을 무기화한다면 그들이 전 세계의 농업을 좌지우지하게 되는 것은 물론, 각 나라의 토종 종자가 사라져 생물다양성이 줄어드는 최악의 경우를 맞게 될지도 몰라. 식물의 변신에는 혜택이 많지만 늘 주의를 기울여야 할 이유지.

5

복제 양부터
친환경 돼지까지

동물 생명공학

수많은 생명을 구한 실험실의 동물들

지난 수 세기 동안 중요한 의학적 진보는 동물을 이용한 연구를 통해 이루어졌어. 동물 실험을 바탕으로 개발한 소아마비 백신이 없었다면, 매년 수천 명의 어린이들이 죽거나 자라면서 질병으로 고통받았을 거야. 또 동물 실험의 결과로 개발된 투석 기술이 없었다면, 말기 콩팥 질병으로 고통받는 수만 명의 환자들이 죽었을지도 몰라.

동물 실험을 통해 확립된 백내장 수술법이 없었다면, 매년 적어도 백만 명 이상의 사람들이 한쪽 눈의 시력을 잃었겠지. 이러한 동물 실험에 가장 많이 사용된 동물은 바로 생쥐야. 생쥐의 유전적 정보가 다른 동물에 비해 가장 많이 밝혀져 있고, 실험실에서 다루기에도 편하기 때문이지.

유전자 연구나 물질의 독성 분석에는 제브라피시라는 열대어가 주로 사용돼. 제브라피시는 약 120시간 만에 수정란으로부터 심장, 간 등의 기관들이 초기 발생을 마칠 정도로 생장이 매우 빨라서 특정한 물질의 독성이나 부작용을 5일 만에 확인할 수 있다는 장점이 있거든.

게다가 제브라피시는 일주일에 암컷 1마리당 평균 200여 마리의 자손을 얻을 정도로 산란도 굉장히 많이 해. 성체의 길이는 3센티미터 정도에 불과해서 작은 공간에서도 대량으로 키울 수 있다는 장점이 있어 많이 활용되고 있지.

이 밖에도 인간의 심장 질환이나 폐 질환을 연구할 때는 개를 사용하기도 해. 개의 폐와 심혈관계가 인간과 유사하기 때문이야. 후천성 면역 결핍증(AIDS)을 일으킬 수 있는 바이러스 연구에는 원숭이나 침팬지를 주로 사용하지. 해당 바이러스에 대한 감수성, 즉 그 바이러스에 노출됐을 때 감염될 수 있는 정도가 인간과 가장 비슷하기 때문이야.

그런데 이처럼 새로운 약물을 개발하거나 질병의 치료법을 연구하는 과정에서 꼭 동물이 희생되어야 할까? 실험실에서 배양한 세포로 대신 실험해도 괜찮지 않을까? 안타깝게도 꼭 그렇지만은 않아. 신약이나 새로운 수술법의 개발은 하나의 세포나 장기에서의 효과를 확인하는 것만으로는 충분하지 않을 때가 많거든.

예를 들어, 요즘 탈모 치료제로 많이 사용되는 '피나스테리드'라는 약물을 처방할 때 의사나 약사는 다음의 주의 사항을 꼭 안내하고 있어.

<table>
<tr><td rowspan="2">주의 사항
(일부)</td><td>1. 이 약은 피부를 통해 흡수되므로 임산부 또는 임신 가능성이 있는 여성, 어린이가 만지지 않도록 해야 합니다. 만약 이 약을 만졌을 경우 즉시 물과 비누로 세척해야 합니다.</td></tr>
<tr><td>2. 수혈 시에 임산부에게 이 약이 투여되는 것을 방지하기 위해서 이 약을 복용하는 환자는 마지막으로 이 약을 복용한 후 최소 한 달이 경과할 때까지 헌혈해서는 안 됩니다.</td></tr>
</table>

즉, 임신한 여성은 절대로 이 약과 접촉해서는 안 된다는 내용이야. 왜냐고? 이 약은 탈모를 막는 데는 좋은 효과를 발휘했지만 동물 실험 결과, 이 약을 먹은 어미로부터 태어난 수컷 자손 일부에게 심각한 생식기 기형 장애가 발생했기 때문이야. 물론 특수한 보호 코팅 덕분에 임산부가 단순히 약을 만지는 것만으로 태아가 잘못될 리는 없겠지만, 동물들의 희생 덕분에 임산부에게 이 약을 처방하면 절대 안 된다는 사실을 알게 된 거지.

이처럼 약물이나 치료법은 생물의 몸 전체에서의 효과를 관찰해야 해서 동물 실험이 꼭 필요하다는 게 의사나 과학자들의 입장이야. 그래서 미국 식품의약국(FDA)은 신약을 개발하고 승인을 받고자 할 때, 동물을 통해 안전성과 생물학적 활성을 검증하는 전임상 시험이라는 단계를 필수적으로 요구하고 있어.

2022년에 발표된 자료에 따르면, 전 세계적으로 최소 1억 9,000만 마리의 동물이 과학 실험에 사용되었어. 우리나라도 한 해 500만 마리의 동물을 연구에 사용하는데 이는 중국, 일본, 미국에 이어 세계에서 네 번째로 많은 수치래.

이러한 동물 실험은 인간을 위해 꼭 필요한 작업이지만, 실험동물이 필요 이상으로 희생되는 것을 막기 위해 1959년 영국의 과학자들은 '3R 원칙'을 제안했어. 필요한 실험동물의 수를 줄이고(Reduce), 실험동물의 고통과 스트레스를 최대한 적게 하고(Refine), 되도록 동물 실험이 아닌 다른 방법으로 대체하자(Replace)는 약속이지. 그 약속을 지키기 위해 여러 대체 수단이 개발되었고, 전 세계적으로 실험에 사용되는 동물의 숫자는 지난 20년 동안 지속해서 감소하고 있어.

핵 치환 기술의 탄생과 논란

동물 실험에서 가장 큰 뉴스는 1997년에 발표된 복제 양 돌리의 탄생이었어. 앞에서 소개했던 거 기억나지? 6살짜리 암컷의 몸을 구성하는 세포에서 DNA가 들어 있는 핵만 통째로 꺼내 핵을

생명공학 쫌 아는 10대

제거한 난자에 넣은 후 배양했더니, 맨 처음 핵을 제공했던 양과 똑같은 유전자를 가진 양이 태어난 거야! 그런데 왜 이름이 돌리냐고? 돌리는 어미의 젖샘에서 떼어 낸 세포를 사용해서 복제됐는데, 이를 기념하기 위해 당시 '큰 가슴'으로 유명했던 가수 돌리 파튼의 이름을 따라 지었기 때문이야.

이렇게 난자의 핵을 바꿔치기하는 기술을 '핵 치환 기술', 혹은 '핵 이식 기술'이라고 불러. 이 기술을 적용하면 돌리처럼 핵을 제공한 동물과 같은 DNA를 갖는 동물을 1마리뿐만 아니라 여러 마리도 만들어 낼 수 있어. 그렇게 태어난 동물을 '복제 동물' 또는 클론(clone)이라 부르지. 그리고 클론을 만들어 내는 작업을

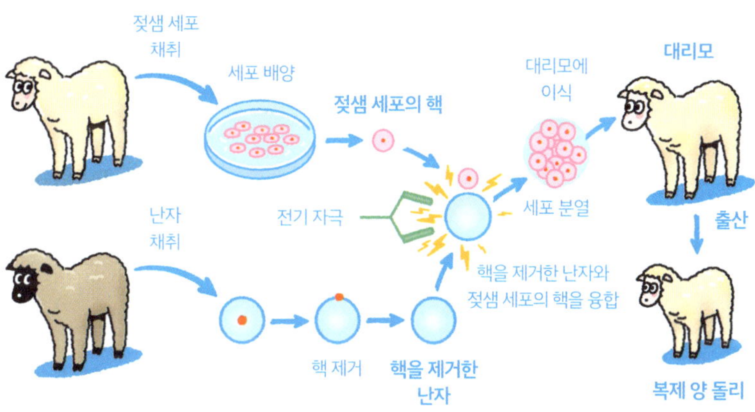

복제 양 돌리의 탄생 과정

클로닝(cloning)이라고 불러.

한편 돌리의 탄생에 열광하던 분위기가 가라앉자, 이 기술을 인간에게 확장할 것인지와 그로 인해 발생할 윤리 문제가 중요한 논쟁거리로 떠오르기 시작했어. 그러던 중 2013년에 인간 배아 복제가 성공하자 대중의 항의가 거세졌고, 세계 각국은 서둘러 인간 복제를 금지하는 법안들을 제정하게 되었지.

이후, 국제기구와 전문가 회의는 정자와 난자 같은 생식 세포나 인간의 배아 유전자를 조작하는 것은 '출산을 목적으로 하지 않는' 기초 연구일 때만 허용해야 한다는 의견을 제시했어. 하지만 실제 규제 수준은 나라별로 천차만별이야.

미국의 경우, 국가 예산을 지원받는 기관에서는 인간 배아의 유전자를 편집할 수 없도록 제한하고 있어. 일반 회사에서도 임상 연구는 제한되고 있지. 이와 비슷하게 일본도 연구는 허용하지만, 출생이나 임상 시험을 위한 유전자 편집은 금지하고 있어.

한편, 영국에서는 정부 기관의 승인을 받으면 난자, 정자, 배아에 대한 유전자 편집이 가능해. 프랑스에서는 최근 '형질전환 배아 생성 금지 규정'이 폐지되어서 유전 질환의 예방이나 치료를 목적으로 하는 인간 배아 유전자 편집이 가능해졌지.

반대로 독일은 인간 생식 세포의 인위적 변경이나 수정을 위

생명공학 쫌 아는 10대

한 사용을 모두 금지하고 있어. 우리나라 역시 인간의 배아, 난자, 정자와 태아에 대한 유전자 편집을 포함해 모든 유전자 치료와 연구를 엄격히 제한하고 있지.

돌리로부터 촉발된 논란은 이뿐만이 아니야. 사실 생명공학자들이 돌리를 탄생시킨 과정 또한 만만치 않았거든. 실험 과정에서 일반 양보다 훨씬 거대한 몸집으로 태어나는 양이 있는가 하면, 어떤 양들은 복부를 둘러싼 근육과 피부가 제대로 들어맞지 않은 불완전한 모습으로 태어나기도 했어. 신장 기능이 비정상적인 양도 있었고, 탄생 후 몇 주간 호흡에 어려움을 겪은 양도 있었지.

사실 돌리는 277번의 시도 끝에 나온 결과물이었어. 이렇게 수많은 시도 중에서 6일 이상을 생존한 배아는 고작 29개뿐이었고, 그중에서도 오직 돌리만 정상적으로 태어난 거야. 물론 겉보기에 멀쩡했던 돌리도 너무 이른 나이에 관절염이 생기는 문제를 겪었어. 생명공학자들은 돌리의 노화를 연구함으로써 인간의 노화와 관련된 질병들을 이해하고 예방할 방법을 알아낼 수 있을 것으로 기대하고 있지.

돌리의 탄생 이후 소, 생쥐, 돼지, 양, 토끼, 고양이, 노새, 말, 개 등 여러 생물이 복제되었지만, 여전히 핵 치환은 성공률이 약

2퍼센트에 지나지 않을 정도로 매우 비효율적인 과정이라고 해. 그래서 실험에 사용되는 동물들의 생명권을 이유로 핵 치환 기술의 이용을 반대하는 목소리도 있지.

그럼에도 불구하고 현재 영국, 미국, 중국, 한국에서는 연구는 물론 민간 업체의 동물 복제 서비스도 허용하고 있어. 오스트레일리아를 비롯한 여러 나라에서도 동물 복제를 법률로 금지하지 않는 상태이고 말이야.

핵을 바꿔치기하는 이유

생명공학자들은 왜 생물을 복제하는 걸까? 돌리를 탄생시킨 복제 실험의 목적은 인간의 불치병 치료에 있었어. 인간의 DNA 일부를 넣어서 동물을 복제하면 인간에게 유용한 단백질이나 호르몬을 생산하는 동물을 탄생시킬 수 있다고 기대한 거지.

사실 클론은 의학 연구에 활용하기에도 좋아. 어떤 약물이나 실험의 효과를 분석할 때는 그 결과가 유전의 영향인지 환경의 영향인지를 구분해야 하는데, 유전자가 모두 같은 클론을 대상으로 실험한다면 환경의 영향만 분석하면 되니까 원인이 정확해지고 실험이 훨씬 수월해지겠지. 같은 집에 사는 일란성 쌍둥이에게 서로 다른 것을 먹게 함으로써 식단이 키 성장에 어떠한 영향을 미치는지 알아볼 수 있는 것처럼 말이야.

핵 지환 기술은 2016년 '세 부모 아기' 탄생의 바탕이 된 기술이기도 해. 여자의 난자와 남자의 정자가 만나서 아기가 태어나는데 부모가 2명이 아닌 3명이라니, 그게 도대체 무슨 말이냐고?

어머니가 제공하는 난자에는 유전물질을 포함한 핵만 있는 게 아니야. 커다란 난자 안에는 미토콘드리아라는 세포 소기관이 10만여 개 이상 들어 있어. 미토콘드리아는 인간이 섭취한 영양분과 산소를 바탕으로 에너지를 생산하는 세포 안 발전소라서 세포의 생존에 필수적이지.

흥미롭게도 미토콘드리아는 자체적으로 DNA를 가지고 있어. 문제는 이 미토콘드리아의 DNA에 돌연변이가 발생했을 때야. 어머니의 미토콘드리아 DNA가 잘못되면 태어날 아이가 심장병, 치매, 간질, 당뇨병, 암 등의 질환을 일으킬 수 있거든. 왜냐하면 어머니는 돌연변이 DNA가 있는 미토콘드리아를 포함한 난자 전체를 자녀에게 물려주기 때문이지. 현재 의학계는 신생아 6,000명 중 1명이 미토콘드리아 DNA가 잘못되어 발생하는 질환을 겪는 것으로 추정하고 있어.

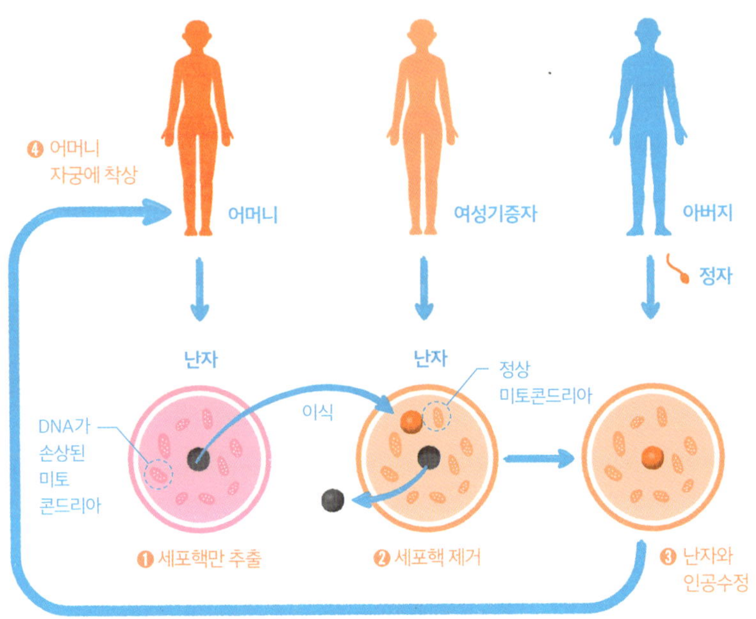

세 부모 아기의 탄생 과정

이 문제를 해결하는 방법이 바로 세 부모 아기야. 생명공학자들은 미토콘드리아에 유전적 결함이 있는 어머니의 난자에서 핵만 분리해 냈어. 그리고 건강한 여성 기증자의 난자에서 핵을 제거한 다음, 어머니의 난자로부터 얻은 핵을 여성 기증자의 난자와 결합했지.

이렇게 합쳐진 난자와 아버지의 정자를 수정시키면, 태어날 아기는 세 부모로부터 유전자를 물려받게 되지. 아버지와 어머니

생명공학 쫌 아는 10대

의 핵 유전체 DNA, 그리고 여성 기증자의 미토콘드리아 DNA를 말이야. 다행히도 인간의 전체 유전자 중에서 미토콘드리아 유전자가 차지하는 비율은 극히 미미해. 실제로 이렇게 태어난 아기는 DNA 중 99.8퍼센트 이상을 친부모로부터 물려받지.

하지만 세 부모 아기를 탄생시키는 방법은 난자의 유전자 변형에 해당해서 대부분의 국가에서 이 기술의 사용을 금지하고 있어. 생명을 창조하는 작업이나 마찬가지여서 윤리적으로 문제가 있다고 보기 때문이지. 반대로 태어날 아기의 생명을 살리는 게 더 윤리적이라는 시각도 있어서 논쟁은 계속되고 있지.

이러한 핵 치환 기술이 인간을 위해서만 사용되는 것은 아니야. 멸종 위기에 처한 동물을 보존하기 위해서도 사용될 수 있지. 한편 마약을 탐지하거나 인명을 구조하는 능력이 뛰어난 특수견을 복제하는가 하면, 경마에서 좋은 성적을 낸 말이 복제된 일도 있어.

현재 일반인들에게 가장 인기 있는 것은 반려동물 복제 상품이야. 가족처럼 여기던 반려동물이 죽으면 비용을 치르고 원래의 반려동물과 똑같은 유전자를 갖는 복제 동물을 탄생시키는 거지.

물론 이 기술에도 한계는 있어. 핵을 제공하는 세포가 반드시 살아 있는 생물로부터 얻어진 것이어야 한다는 점이야. 영화

〈쥬라기 공원〉에 나온 것처럼 호박에 갇힌 모기로부터 공룡의 피를 얻어 공룡을 되살리는 일은 공상 과학 소설에서나 가능하거든. 물론 현실의 실험실에서도 영구 동토층에서 찾은 매머드 세포로부터 유전물질을 얻어 매머드를 복원하려는 시도가 이루어지고는 있지만, 전문가들은 성공 가능성이 매우 희박하다고 여기고 있어.

유전자 변형 동물의 활용

핵을 통째로 바꾸는 게 너무 거창하다면 유전자 한두 개만 넣어서 유전자 변형 동물(GMO)을 제작할 수도 있어. 그 대표적인 예가 1990년에 태어난 황소 헤르만이야. 생명공학자들은 인간의 락토페린 단백질이 포함된 우유를 만들 수 있게 하는 유전자를 헤르만에게 추가했어. 여기서 락토페린은 사람과 젖소의 초유에서 발견되는 강력한 항바이러스, 항균성 물질이야.

흔히들 모유를 먹고 자란 아이들이 병치레가 덜하고 건강하게 자란다고 말하지. 실제로 모유 1리터에는 이 락토페린이 2밀리그램 정도 들어 있어서 초기 면역력을 형성하기 때문이야. 특

생명공학 쯤 아는 10대

히, 출산 후 약 일주일간 분비되는 초유에는 그보다 3~4배 많은 양의 락토페린이 들어 있어. 그럼에도 그 양이 너무 적어서 락토페린 1킬로그램을 초유로부터 얻으려면 15~20톤에 이르는 어마어마한 양의 젖(우유)이 필요하지. 이처럼 락토페린은 엄청난 양의 초유로부터 극소량만 추출할 수 있는 귀한 원료여서 '핑크 다이아몬드'라는 별명으로 불리기도 해.

헤르만이 낳은 새끼들도 인간의 락토페린 유전자를 가지고 태어났어. 유전자를 바꾼 어미에게서 태어난 새끼들이니 당연한 결과겠지? 그런데 헤르만의 새끼들이 우유에서 생산한 인간의 락토페린은 기대한 것보다 양이 적었어. 생명공학자들은 이를 개선하는 연구를 거듭해 새로운 유전자 변형 소를 제작했지.

또 다른 예로는 2006년 캐나다 겔프대학교 연구팀이 유전자 변형 기술로 만든 돼지, 인바이로피그(Enviropig)가 있어. 환경을 뜻하는 environment라는 단어로부터 따와서 그런지, 이름부터 친환경적인 느낌이지?

인바이로피그는 돼지가 기존에 잘 소화하지 못하던 곡물의 인(P) 성분을 잘 소화하고 흡수했어. 돼지의 침샘에서 인을 분해하는 효소를 만들 수 있도록 쥐의 유전자를 돼지의 DNA에 집어넣었기 때문이야.

그 결과 농장에서는 돼지들에게 인을 보충하는 먹이를 줄 필요가 없어졌고, 실제로 배설물에서도 인이 적게 나왔대. 이로 인한 환경보호 효과가 상당했지. 양돈농가에서 배출되는 많은 양의 인은 강물로 흘러들어 강물을 오염시키고 물고기의 생명을 위협했거든. 인바이로피그는 10대째 혈통이 유지됐으나 아쉽게도 지금은 볼 수 없어. 2012년에 연구비가 끊기면서 전부 안락사시켰기 때문이야.

2016년 미국의 한 생명공학 회사 연구팀은 자연적으로 발생한 뿔 없는 소의 유전자를 정상적인 젖소의 DNA에 이식함으로써 뿔이 없는 소를 탄생시키기도 했어. 송아지가 어릴 때 뿔이 될 자리를 제거하거나, 다 자란 소의 뿔을 뽑는 것은 동물에게 고통을 주는 과정이야. 그러나 사육을 하려면 농장 주인이나 주변 동물들이 다치지 않게 이 과정을 거쳐야만 하지. 뿔이 없는 소는 이러한 과정이 필요치 않고 운반도 훨씬 안전하고 수월해. 이렇게 유전자 이식으로 뿔이 없어진 소는 해당 유전자를 자기 후손에게도 정상적으로 물려주었지.

생명공학자들은 동물이 가지고 있던 기존의 유전자를 없애서 유전자 변형 동물을 만들기도 했어. 2017년에 중국 연변대학에서는 근육 성장을 억제하는 유전자를 없앰으로써 근육이 강화

된 돼지를 탄생시켰어. 이 유전자 변형 돼지의 덩치는 일반 돼지와 비슷했지만, 근육량이 1.5배 이상 많았지. 대신 체지방이 적었고 말이야. 똑같은 사료를 먹여도 일반적인 돼지보다 더 빨리, 더 많이 근육이 붙기 때문에 농가에 큰 이익을 가져다줄 것으로 기대를 모았어. 이 근육 강화 돼지는 현재 식탁에 오르길 준비하는 단계에 있다고 해.

2021년 미국에서는 최초로 유전자 변형 돼지의 심장을 인간에게 이식하는 사례도 있었어. 장기 이식을 기다리는 환자들이 많지만 기증되는 인간의 장기는 수요에 비해 턱없이 부족한 상황이야. 그래서 인간과 장기 크기가 유사하고 번식이 쉬운 돼지를 기증자로 선택한 거지. 게다가 돼지는 동물에서 유래하는 감염병 위험이 상대적으로 낮고 유전자 조작이 쉽다는 장점도 가지고 있어.

당시 심장 이식에 사용된 유전자 변형 돼지는 인간의 면역체계에서 거부반응을 일으키는 유전자 3개와 심장 조직의 과도한 성장을 초래하는 유전자 1개를 없애고, 인간 면역체계에 관여하는 유전자 6개를 새로 추가해서 만들어졌어. 안타깝게도 돼지의 심장을 이식받은 환자는 약 2개월 만에 사망했지만, 그의 새로운 도전을 바탕으로 생명공학자들은 언젠가 인간 생명 연장의 꿈을 반드시 이뤄 낼 수 있을 거야.

거미줄을 만드는 염소

생명공학이 생물체를 통해 만들어 내고자 하는 중요한 제품 중 하나는 바로 단백질이야. 생물의 몸에서 만들어지는 단백질은 그 구조가 복잡해서 인공적으로 합성하려면 오랜 시간을 들여 여러 단계를 거쳐야 하고 많은 비용이 들지. 그래서 생명공학은 동물에게 유용한 유전자를 집어넣어 동물의 몸 전체를 이용해서 인간에게 필요한 단백질을 생산해 내는 생체 공장을 만들기도 해. 그렇게 하면 단백질을 생산하는 비용을 낮추면서 효율을 높일 수 있고, 병원균 감염으로부터도 안전하게 단백질을 생산할 수 있거든. 이렇게 활용되는 동물을 '생물반응기'라고 불러.

생물반응기에서 생산한 단백질의 대표적인 예는, 방탄조끼나 수술용 실로 사용되는 '바이오 스틸'이야. 거미줄의 실크 단백질 성분으로부터 만들어지는 바이오 스틸은 지구상에서 가장 강력한 섬유라고 여겨지고 있지. 하지만 자연에서 거미가 생산할 수 있는 거미줄의 양이 극히 적기 때문에, 거미줄 실크 단백질은 산업 소재로서 전혀 실효성이 없었어.

그러다 2015년, 생명공학자들은 유전 정보 데이터베이스에 등록된 수천 개의 거미 유전자를 일일이 조사해서 거미줄 생산에 관련된 유전자를 찾아냈어. 그리고 염소의 DNA에 거미의 실크 단백질 유전자를 끼워 넣었고, 해당 염소의 자손들은 거미의 실크 단백질 유전자를 갖고 태어나게 되었지.

이 염소들은 다른 보통의 염소와 마찬가지로 풀이나 곡물을 먹고 자라. 유일하게 다른 점이 있다면, 거미줄 실크 단백질을 함유한 젖을 생산한다는 점이야. 사람들은 염소의 젖으로부터 실크 단백질만을 분리한 다음, 이것을 실의 형태로 만들어서 사용할 수 있었지.

또 생명공학자들은 인간의 혈액 응고를 억제하는 단백질인 항트롬빈의 유전자를 염소의 DNA에 이식하여 염소의 젖에서 인간의 항트롬빈이 만들어지도록 했어. 통계적으로 보면 5,000명 중 1명은 체내에서 충분한 양의 항트롬빈을 생산하지 못해 혈전이 발병할 위험에 처해 있다고 해. 혈전은 혈액이 응고되지 않아도 되는 상황에 과도하게 응고되어 혈관 속에서 덩어리지는 현상이야. 임산부가 혈전을 앓게 되면 태반에도 혈전 현상이 일어나 유산이나 사산을 일으킬 가능성이 커져.

기존에는 이러한 질병을 치료하기 위해 사람들에게서 기증
받은 혈액으로부터 항트롬빈을 생산해 왔어. 하지만 염소의 젖
으로부터 이 단백질을 얻어 낼 수 있다면 저렴한 비용으로 안정
적이게 치료제를 공급할 수 있지 않겠어? 실제로 2009년, 이 제
품은 미국 식품의약국 승인을 받았어.

생물반응기로 염소가 주로 사용되는 이유는 무엇일까? 염소
는 번식이 빠르고, 소에 비해 사육비
가 적게 들기 때문이야. 게다가
염소는 젖을 풍부하게 생산

하기 때문에 유전자 이식 기술을 활용한 단백질 생산에 이상적이기도 하지.

물론 젖을 생산하는 동물만이 생물반응기로 사용되는 것은 아니야. 알을 낳는 동물 또한 생명공학 제품을 생산하기에 적합하거든. 보통 암탉 1마리는 연간 약 250개의 알을 낳을 정도로 생산성이 좋아. 달걀의 흰자는 약 3.5그램의 단백질을 포함하고 있는데, 그 흰자 일부를 인간이 원하는 단백질로 바꿀 수 있다면 암탉 생물반응기는 생산성이 매우 높은 시스템이 되는 거지. 실제로 항균성을 갖는 효소나 독성을 약하게 만든 약독화 백신 같은 몇몇 의약품은 이미 달걀로부터 생산되고 있어.

이처럼 생명공학자들은 여러 방면에서 동물을 연구하고 있어. 하지만 여기까지 읽다 보면 오로지 인간의 이익만을 위해 동물을 바꾸거나 사용하는 상황에 불편함을 느낄 수도 있을 거야. 동물들은 한 번도 자기의 뿔을 없애 달라거나 빨리 자라게 해 달라고, 혹은 자기 젖에서 여러 가지 물질들이 나오게 해 달라고 요구한 적이 없으니까. 그래서 동물의 생명권이나 존엄성이 존중받지 못하는 상황을 불합리하게 여기고 동물 복지를 주장하며 유전자 변형을 반대하는 사람들도 있어. 게다가 사람들이 유전자 변형 동물에 갖는 거부감 역시 여전히 적지 않아. 이 또한 생명의 안전을 확신할 수 없기 때문이야.

하지만 유전자 변형은 인간과 자연을 되살리는 역할도 하고 있어. 기술의 종류도 기존에 없던 유전자를 끼워 넣는 것부터 미세한 돌연변이를 일으키거나 유전을 이용하는 육종 수준까지 다양하지. 어떤 유전자를 건드렸느냐에 따라서 위험성이 천차만별이지만, 오히려 인체에 유익한 영양 성분을 강화시키기도 해. 그러니까 기술 자체에 대해 막연한 두려움을 가지기보다는 각각의 기술이 어떤 목적으로 개발됐는지에 주목하면 좋을 것 같아.

6

바닷속으로 향하는 과학자들

해양 생명공학

사막에서 새우를 키워라

사하라 사막 한가운데 새우 양식장이 있다는 말을 들어 본 적이 있니? 2016년, 우리나라는 북아프리카 알제리의 사하라 사막에 10헥타르, 그러니까 자그마치 축구장 12개 크기의 새우양식연구센터를 건립했어. 연구동, 실내 사육동, 사료 제조동, 야외 양식장 등을 갖춘 이 시설의 규모는 매년 최대 100톤의 새우를 생산할 수 있는 정도라고 알려졌지. 그런데 왜 하필 새우냐고?

새우는 알제리 사람들이 매우 좋아하는 음식이지만, 구하기가 어려워서 일부 부자들만 먹을 수 있었대. 이러한 안타까운 사정을 알제리 정부로부터 전해 들은 우리나라 과학자들이 사막에서 새우 양식에 도전하게 된 거지. 소금기가 있는 물에서 사는 바다 새우를 마실 물도 부족한 사막에서 키우는 게 도대체 어떻게 가능했을까?

새우 양식장이 들어선 와글라 지역의 지하수 속에는 1리터당 15그램의 소금이 들어 있었어. 보통 바닷물 1리터에 35그램의 소금이 들어 있는 것과 비교하면 염도가 낮지만, 과학자들은 낮은 염도의 물에서도 잘 크는 흰다리새우를 양식 품종으로 선택

했지. 여기에 오염 물질 분해 능력이 뛰어난 미생물 덩어리를 활용해 암모니아나 사료 찌꺼기와 같은 오염 물질을 정화하는 '바이오플록(Biofloc)' 기술도 적용했어.

일반 양식장은 수질 관리를 위해 끊임없이 물을 갈아 줘야 하지만, 이 기술을 사용하면 물 대부분을 재사용할 수 있지. 물을 교환하지 않고도 양식이 가능하니 사막 한가운데서도 새우를 키

울 수 있게 된 거야! 게다가 바이오플록은 흰다리새우의 먹이가 되기도 해서 투입하는 사료의 양을 줄여 주는 효과도 있어.

이렇게 물고기나 조개류, 그리고 해양식물 등을 배양하는 양식업은 예로부터 가장 전통적인 해양 생명공학 분야로 여겨져 왔어. 세계 식량 공급을 늘리는 데 이바지해 온 훌륭한 생명공학 기술이지.

유엔 식량농업기구(FAO)에 따르면 한 사람이 1년간 먹은 수산물의 양은 1961년 약 9.1킬로그램에서 2022년 약 20.7킬로그램으로 2배 이상 증가했고, 2022년 전 세계 수산물 소비량은 무려 1억 6,500만 톤에 달했다고 해. 하지만 같은 해 자연에서 잡은 어획량은 전 세계 수산물 소비량의 절반을 조금 넘는 약 9,200만 톤에 불과했지. 그러면 나머지 절반은 뭐로 채웠느냐고? 바로 이와 같은 양식을 통해서였어!

한편 과도한 어획, 서식지의 고갈, 그리고 상업 낚시 산업의 발달로 인해 자연 수산물 공급량은 계속해서 감소하고 있어. 그래서 유엔 식량농업기구는 2030년에 이르면 양식을 통한 수산물 생산량이 지금의 50퍼센트를 넘어 약 70퍼센트까지 늘어날 것으로 예상하고 있지.

이처럼 꾸준히 늘어나는 수산물 수요를 맞추고 전 세계 식량

안보를 지키기 위해 양식업은 어느 때보다 그 중요성이 강조되고 있어. 오늘날 생명공학자들은 양식 분야에서 앞으로의 기후 변화에 대비해 새로운 양식 종을 개발하는 연구와 기후 변화에 적응한 품종을 개발하는 연구도 추가로 진행하고 있다고 해.

연어의 크기를 키우는 방법

과학자들은 소비자들을 위한 물고기를 만들고자 유전자 조작을 시도하기도 했어. 양식용 생물의 DNA에 해당 생물과 같거나 비슷한 종의 성장 호르몬 유전자를 이식함으로써 본래의 유전자 기능을 몇 배로 강화하는 것이 핵심이지.

그렇게 등장한 생물의 대표적인 예가 바로 빠르게 성장하는 유전자 조작 연어야. 일반적인 대서양 연어가 시장에 판매되는 무게인 약 4.5킬로그램까지 성장하려면 평균 36개월 정도가 걸려. 반면, 왕연어의 유전자를 이식한 대서양 연어는 약 18개월이면 해당 무게에 도달하지.

일반적인 연어는 수온이 낮은 겨울에 성장을 멈춰. 하지만 유전자 조작 연어는 1년 내내 성장 호르몬이 분비되지. 이게 바로

생명공학 쯤 아는 10대

성장 시간을 절반으로 단축할 수 있었던 비결이었어. 2배 이상 빠르게 자라는 연어의 등장으로 많은 사람이 연어를 먹을 수 있게 되고, 어민들의 소득도 높아질 것이라는 기대가 커졌어.

그래서 미국 식품의약국(FDA)은 유전자 조작 연어가 인체에 해가 없고, 생태계 질서에 혼란을 일으킬 확률이 거의 없다는 이유를 들어 2015년 11월에 식용 판매를 승인했지. 유전자 조작 연어를 개발한 과학자들이 승인을 요청한 지 약 20년 만의 일이었어. 그렇게 이 연어는 미국의 첫 번째 유전자 변형 해산물이자, 상업적 용도로 길러지는 첫 번째 유전자 조작 동물로 기록되었지.

하지만 유전자 조작 연어의 안전성과 생태계 교란을 우려한 소비자 단체의 반대도 적지 않았어. 그렇다면 왜 과학자들은 유전자 조작 연어가 생태계를 교란하지 않을 거라고 주장했을까? 그 이유는 바로 유전자 조작 연어가 모두 생식능력을 잃은 불임 상태였기 때문이야.

일반적으로 동물은 세포마다 2세트의 염색체를 가지고 있어. 엄마(암컷)에게서 1세트, 아빠(수컷)에게서 1세트를 받아서 말이야. 예를 들어 인간은 엄마와 아빠에게서 각각 23개의 염색체를 받아서 세포마다 총 46개의 염색체를 갖지. 이때 23개의 염색체는 각각 난자와 정자를 통해서 자손에게 전달돼.

이렇게 난자나 정자에는 정상 개체의 절반에 해당하는 염색체가 들어 있어서 반수체, 혹은 일배체(1n) 상태라고 불러. 이 둘이 합쳐져서 하나의 개체를 이루면 이배체(2n) 상태라고 하지. 참고로 인간의 몸을 구성하는 체세포는 모두 이배체(2n) 상태야.

그런데 유전자 조작 연어는 삼배체(3n) 상태의 염색체를 갖지. 부모님이 총 3명인 것도 아닐 텐데 이게 어떻게 가능하냐고? 수정 직후나 발달 중인 난자에 화학 물질을 처리하거나 급격한 온도 변화를 일으켜 충격을 가하면 삼배체 물고기를 만들 수 있다고 해. 수정란의 발생 과정에 문제가 생겨서 세포가 정상적으로 분열하지 못해 전체 염색체 수가 늘어나 버린 거야.

이렇게 비정상적인 수의 염색체를 갖게 된 동물은 자라서 성체가 되어도 정자나 난자를 만들 수가 없어. 그래서 과학자들은 불임 상태의 연어가 조작된 유전자를 자연에 퍼뜨려 생태계를 교란하는 것이 불가능하다고 판단한 거지.

삼배체 생물의 등장

삼배체 상태가 되어서 생식능력을 잃은 물고기는 먹이로부터 얻은 에너지를 오로지 자신의 생장에만 쓰게 돼. 그래서 알을 낳고 후대를 도모해야 하는 일반적인 물고기와 비교하면 성장 속도가 빠르고 더 크게 자랄 수 있는 거지.

이러한 삼배체 생물이 적극적으로 활용된 예로는 '삼배체 초어'가 있어. '풀을 먹는 물고기'란 뜻의 초어(草魚)라고 불리는 이 물고기는 이름 그대로 수생 식물에 대한 왕성한 식욕을 자랑해. 또한 겉모양은 잉어와 비슷하지만, 수염이 없는 것이 특징이지.

1980년대 초반, 미국의 과학자들은 일반적인 초어의 난자에 급격한 온도 변화로 충격을 가함으로써 세포 분열이 제대로 이루어지지 못하게 만들었어. 이후 정상 정자와 수정되어 탄생하게 된 삼배체 초어는 엄청난 속도로 자라났지.

삼배체 초어는 많은 양의 식물을 먹어 치우는 능력 덕분에 미국 곳곳의 저수지와 호수에 있는 잡초를 제거하는 용도로 매우 인기가 높았어. 초어 덕분에 화학 물질로 만든 제초제도 적게 사용해서 환경도 보호하고 관리 비용도 줄여 주는 일거양득의 효과를 얻을 수 있었으니까 말이야.

하지만 삼배체 초어에게 장점만 있었던 것은 아니야. 어떤 운하에서는 과도하게 자란 삼배체 초어들이 너무 빠른 속도로 수생 식물을 먹어 버려서 문제가 발생했어. 수생 식물은 뿌리를 통해 물속에 녹아 있는 질소나 인 등의 오염 물질을 흡수해서 걸러내고, 광합성을 통해 산소를 만들어 물속으로 배출하는 역할을 하거든. 그런데 초어가 수초를 깡그리 먹어 버리니 수질이 바뀌게 된 거지. 특히 자연에는 초어를 잡아먹는 포식자가 많지 않아서 이 문제는 더 심각하게 여겨졌어.

게다가 수생 식물이 급격하게 감소하면서 송어나 배스처럼 물속의 식물들을 서식지로 활용하는 물고기들도 함께 모습을 감췄어. 결국 주변의 낚시터들은 이익을 내기도 전에 망할 수밖에 없었지. 심지어 일부 삼배체 초어는 자연 습지로 탈출해 식물 자원의 손실을 일으키기도 했어. 결국 저수지와 호수의 잡초 관리라는 최초의 목표를 잃게 된 인간이 직접 나서서 이 물고기를 제거함으로써 환경을 복원하기에 이르렀지.

삼배체 초어의 실패에도 불구하고, 삼배체 생물의 개발과 활용은 여전히 매력적인 생명공학 분야로 여겨지고 있어. 특히, '삼배체 굴'은 우리나라에서도 정말 많이 판매되고 있는 상품이야. 굴 생산은 날씨, 번식, 양식, 서식지 등의 영향을 많이 받아서 1년 내내 이루어지기 어렵거든.

특히 봄에서 여름에 이르는 굴의 산란기에는 독소가 만들어지기 때문에, 일반적으로 이 시기를 피해서 10월쯤부터 생산과

섭취가 이루어지지. 그런데 여름 동안 산란을 위해 에너지를 소비하면서 굴의 살이 마르게 되니, 시장에서는 좋은 값을 받기가 어려워. 하지만 삼배체 굴은 불임이기 때문에 1년 내내 먹을 수 있다는 장점이 있어. 게다가 산란하지 않기 때문에 여름 내내 자라며 살을 찌워서 언제든 시장에 판매할 수 있지.

새로운 유전자를 찾아서

유전자를 조작하는 것 외에도 생명공학자들은 수생 생물에게서 유용한 유전자를 찾으려고 노력해 왔어. 1964년 남극의 물고기를 조사하던 미국의 과학자들은 '비동결 단백질'을 발견했지.

남극에 사는 물고기는 차가운 바닷물 온도보다 체액의 어는 점, 즉 어는 온도가 낮아야 해. 그렇지 않으면 몸속의 수분이 꽁꽁 얼어 생존 자체가 불가능하거든. 비동결 단백질은 물고기의 몸속에서 혈액이나 체액의 어는점을 낮추고, 낮은 온도에서도 물고기의 세포가 얼지 않도록 보호하는 역할을 하는 물질이야.

비동결 단백질과 그 유전자는 어디에 이용하면 좋을까? 북극해 인근 양식장에서는 차가운 물로 인해 어류가 폐사하면서 경제적인 손해를 보는 일이 잦아. 이런 경우, 몸속에서 비동결 단백질을 만드는 유전자를 물고기에게 이식한다면 양식이나 식품 산업에 유용하겠지.

실제로 1992년에는 대서양 연어의 DNA에 가자미목 물고기의 비동결 단백질 유전자를 이식하는 실험이 이루어지기도 했어. 비록 실험 결과는 만족스럽지 않았지만, 연어의 체내에서 비동결 단백질을 안정적으로 만들어 낼 수 있다면 차가운 캐나다 동부 해안에서 연어를 양식하는 일이 가능해질지도 몰라!

한편 기상 이변이 잦아지면서 농작물의 냉해가 전 세계적인 골칫거리로 떠오르고 있지. 밀이나 과일, 옥수수, 감자 등 여러 농작물의 성장을 위해 필요한 온도보다 실제 기온이 낮아서 피해가 발생하는 거야. 이때 비동결 단백질 유전자를 해당 농작물 내부에서 발현시킨다면 이러한 피해 역시 줄일 수 있을 거야!

이러한 아이디어를 실현한 생명공학자들이 있어. 그들은 1991년에 가자미목 물고기의 비동결 단백질 유전자를 함유한 토마토를 개발했지. 하지만 당시 사람들은 이 토마토를 '물고기 토마토'라고 부르며 서로 다른 종의 유전자를 섞는 일이 괜찮은지 윤리적 논쟁을 벌였고, 유전자 변형 식품을 향한 강한 거부감을 드러냈어. 이후 2009년에는 물고기의 비동결 단백질 유전자를

함유한 딸기의 개발이 보고되었지만, 안타깝게도 상업화까지 이어지지는 못했어.

현재 비동결 단백질은 혈액뿐만 아니라 세포와 조직, 심장과

간과 같은 인간 장기의 보존제로 활용할 수 있는 특징 때문에 의학적으로도 주목받고 있어. 비동결 단백질을 활용하면 줄기세포나 장기를 영하 100℃ 이하의 온도에서 보관하더라도 얼음 결정이 만들어지지 않아서, 나중에 사용하려고 상온에 꺼내도 장기나 세포가 파괴될 걱정이 없기 때문이야.

현재는 장기를 저온에서 보관할 때 세포나 조직이 얼지 않도록 화학 물질을 넣어 주지만, 장기나 줄기세포 DNA를 훼손할 수 있다는 단점이 있지. 하지만 극지 생물에게서 분리해 낸 단백질을 활용한다면 생체에 친화적인 만큼 이러한 단점을 얼마든지 극복할 수 있을 거야.

흥미로운 건 비동결 단백질이 이미 아이스크림 산업에 활용되고 있다는 사실이야. 영국의 한 다국적 식품회사가 북극 물고기로부터 비동결 단백질을 대량으로 분리해 낸 뒤 이를 아이스크림에 첨가해 판매하고 있거든.

아이스크림에 지방을 적게 넣으면 맛이 좋아지지만 동시에 어는점이 높아지면서 얼음 알갱이가 많이 생겨. 그러면 부드러운 맛을 내기가 어렵지. 하지만 비동결 단백질을 넣으면 어는점이 낮아져 아이스크림에 얼음이 생기지 않아. 이로써 오랜 기간 부드러움을 유지하면서 지방 함량은 낮출 수 있지.

바다에서 찾아낸 보물들

이제 생명공학 과학자들은 새로운 자원을 얻고자 해양 생물에 대한 탐사를 활발히 하고 있어. 이 과정을 통해 많이 연구된 것이 바로 홍합의 '접착 단백질'이야. 바닷가 바위에 찰싹 달라붙어 살아가는 홍합은 아무리 파도가 쳐도 바위에서 떨어지지 않아. 가까이에서 관찰하면 홍합에 실 같은 것이 잔뜩 엉켜 있는 걸 볼 수 있지. 이게 바로 홍합의 발에서 분비되는 섬유 다발인 '족사'야.

홍합은 이 족사를 통해 접착제를 분비하는데, 이 접착 단백질은 접착력이 인공 접착제보다 훨씬 강하면서 유연하기까지 해. 특히 인공적인 화학 접착제는 물에 쉽게 분해돼서 곧 떨어져 버리지만, 홍합의 접착 단백질은 물속에서도 접착력이 유지된다는 강점이 있지. 게다가 금속부터 플라스틱, 유리는 물론이고 동물의 피부나 세포까지 접착 표면도 가리지 않고 잘 부착한다는 것이 확인됐어.

이러한 장점 때문에 의료 분야에서는 홍합 접착 단백질에 대한 관심이 특히 높아졌어. 여기에 더해 홍합의 접착 단백질이 인간 세포를 공격하거나 면역 거부반응을 일으키지 않는 것으로 밝혀져서 의료용 접착제로 활용하기에 무척이나 적합해 보였지.

문제는 홍합의 접착 단백질을 인공적으로 생산해 내는 게 쉽지 않다는 거였어. 자연에서 홍합의 접착 단백질 1그램을 얻으려면 홍합 1만 마리가 필요해. 가격 역시 1그램당 약 7만 5,000달러에 이를 만큼 굉장히 비싸서 자연으로부터 추출해서는 도저히 경제성을 갖출 수가 없었지.

그래서 과학자들은 홍합의 접착 단백질을 대량으로 얻기 위한 연구를 계속하고 있어. 홍합의 접착 단백질 유전자를 넣어서 만든 재조합 DNA를 대장균에 삽입함으로써 대장균이 홍합 접착 단백질을 만들도록 유도하기도 했지. 홍합 접착 단백질이 안정적으로 생산된다면 수술 부위를 실로 꿰매는 대신 접착 단백질로 붙일 수 있는 세상이 오지 않을까?

접착 단백질 외에도 홍합의 족사 섬유는 여러 용도를 목적으로 연구 개발이 이루어지고 있어. 인공 힘줄이나 이식용 인대, 뼈 재생 치료법과 같은 의료용 목적을 비롯해, 자동차 타이어 외피나 군인을 위한 부드러운 신체 방어 장치에 이르기까지 말이야.

바다에서 찾은 자원은 홍합 말고도 많아. 은연어에게서는 뼈의 강도가 약해지는 골다공증을 치료하는 칼시토닌 호르몬을, 바다 고둥에게서는 기존의 통증 치료제가 들지 않는 환자들을 위한 진통용 독소를 얻어 냈지. 말미잘에게서는 다발성 경화증과 같은 자가면역질환에 대한 치료제를, 멍게와 해면과 귀상어로부터는 항암 물질을, 투구게로부터는 수술 도구나 의약품의 오염 정도를 확인하는 데 쓰이는 혈액 성분을 얻어 활용하고 있어.

이처럼 과학자들이 해양 생명공학에 관해 다양한 연구를 해 왔음에도 불구하고 대다수의 해양 생물, 특히 미생물은 아직 거의 확인하지 못한 상태야. 지구 생물의 80퍼센트 이상이 해양 환경에서 살아간다고 알려져 있으니, 생물 자원 대부분을 아직 연구하지 못했다고 말해도 과언이 아니지.

인구가 늘어나면서 식량에 대한 수요, 인간의 수명을 연장하기 위한 의료를 향한 요구도 자연스레 늘고 있어. 이 문제를 해결하기 위해 우리는 지구의 생물 자원을 최대한 활용할 필요가 있지. 그래서 해양 생명공학은 생명공학 연구를 이끌어 갈 또 하나의 중요한 분야로서 앞으로의 발전이 더욱 기대되고 있어.

7

질병과 노화를 넘어서

의학 생명공학

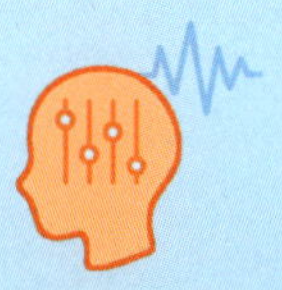

태아의 유전 질환을 확인하다

요즘에는 친자 확인, 범죄자 식별, 친자자 유해 확인 등 그 사람이 누구인지 알아보거나 질병을 진단하기 위해 DNA 염기 서열을 검사하는 게 흔해졌어. 의학 생명공학의 눈부신 발전 덕분이지! 과거에는 뱃속 태아의 염색체를 분석하는 검사 정도만 가능했거든. 물론 태아의 염색체 이상 여부를 검사하는 일에도 큰 의미가 있었지.

염색체를 한 권의 책에 비유한다면, 유전자는 책 속에 적힌 문장, DNA 염기 서열은 하나하나의 글자에 해당해. 염색체 상태에서 이상이 발견됐다면 책 자체에 문제가 생긴 것과 같아. 그러니 유전자나 DNA 염기 서열 수준의 이상보다 훨씬 심각한 문제라고 할 수 있어.

또한 염색체 이상을 검사하는 일은 인간이 가진 46개 염색체의 개수나 크기, 모양이 정상인지를 가리는 일이야. 이 과정은 무려 3만여 개에 이르는 유전자를 일일이 검사하거나, 30억 개에 달하는 DNA 염기 서열을 모두 읽어 내는 것보다 들여야 할 시간과 비용이 적어 효율적이기도 하지.

태아의 염색체를 검사하기 위해 보통은 임신 14~16주 사이에 엄마의 뱃속에서 태아를 둘러싸고 있는 액체인 양수를 채취하거나, 임신 8~10주 사이에 태아와 양수를 둘러싼 융모막 일부를 떼어 내.

하지만 이러한 검사들은 감염이나 유산을 일으킬 가능성도 품고 있어. 태아에게 심각한 유전병이 있는지 알아보려다가 태아의 목숨을 위태롭게 할 수도 있다는 말이야.

그래서 2011년에는 산모의 혈액으로 태아의 DNA를 검사하는 분석법이 개발되었어. 임신한 여성의 혈액에는 발달 중인 태아의 DNA 조각이 들어 있거든. 엄마와 아기가 태반의 혈관을 통해 서로 물질을 주고받기 때문이야. 한 숟가락 정도의 엄마 혈액만 있으면 그 안에 들어 있는 태아의 DNA를 분석해서 태어날 아기에게 유전 질환이 있는지를 확인할 수 있지.

생명공학과 함께 DNA 염기 서열을 읽어 내는 방법이 발달하면서 과학자들은 소량의 DNA를 가지고도 유전자의 결함을 찾아내기 시작했어. 질병을 찾는 유전자 검사는 진단을 위한 검사와 예측을 위한 검사로 구분할 수 있지.

진단을 목적으로 한 유전자 검사는 현재 증세가 있는 사람을 대상으로 질병에 걸렸는지를 확인하기 위해 실시해. 반면, 예측을 목적으로 한 유전자 검사는 현재 뚜렷한 증상은 없으나 장차 질병이 발생할 가능성이 있는지를 확인하기 위한 것이지.

질병을 예측하는 유전자 검사

유전자 검사를 통해 질병을 예측한 대표적인 사례로는 미국의 영화배우 앤젤리나 졸리가 있어. 그녀는 2013년에 질병을 예방하고자 양측 유방을 모두 제거하는 수술을 받았지. 유전자 검사를 통해 몸속 BRCA 유전자에 돌연변이가 있다는 소견을 들었기 때문이야.

암에 걸린 것도 아닌데 그녀는 왜 그런 엄청난 선택을 했을까? 우리가 살면서 발암 물질을 먹거나, 활성 산소에 노출되거나, 허용치 이상의 방사능을 쬐는 등 해로운 환경에 노출되면 세포 안의 유전자들이 망가지게 돼. BRCA 유전자는 망가진 유전자를 수리하고, 제 기능을 발휘하게 하는 데 핵심적인 역할을 맡고 있어.

그런 BRCA 유전자에 돌연변이가 있으면 고장 난 유전자가 제때 고쳐지지 못하고 문제가 누적될 테니, 결국에는 정상 세포가 통제를 벗어나 암세포가 될 확률이 높아지겠지. 특히 유방암과 난소암 위험이 확실히 커진다고 해.

실제로 BRCA 유전자가 정상인 사람은 50세까지 유방암에 걸릴 확률이 2퍼센트 정도에 불과하지만, BRCA 유전자에 돌연변이가 있는 사람은 유방암에 걸릴 확률이 최대 87퍼센트라고 보고되었어.

이런 검사는 사회적으로 유명한 사람만 받을 수 있는 게 아니야. 질병을 예측하고자 하는 누구나 유전자 검사 프로그램을 갖춘 의료 기관에서 받을 수 있지. 의사와 상담한 후 검사할 항목을 정하면 검사 후 결과까지 분석해 줘. 특정 질병이 아니라 탈모나 피부 미용같이 가벼운 유전자 검사를 원한다면 유전체 분석 기업 홈페이지를 통해 개인이 직접 서비스를 신청할 수도 있어.

드라마에서는 유전자 검사 재료로 머리카락이 자주 등장하지만, 사실 병원에서는 혈액을 주로 활용해. 유전체 분석 기업에 택배로 검사 재료를 보내야 할 때는 주로 침과 같은 타액이나 구강 상피 세포를 보내. 구강 상피 세포는 어떻게 얻느냐고? 간단해! 면봉으로 볼 안쪽을 몇 번 문지르면 충분하지.

그런데 의심되는 질병마다 유전자의 DNA 염기 서열을 모조리 검사하는 일은 꽤 복잡한 작업이야. 그래서 생명공학자들은 개인 간 DNA 염기 서열의 차이를 조사하기 시작했어.

모든 인간의 DNA는 99.9퍼센트 이상이 동일하고, 나머지인 0.1퍼센트 미만에서만 차이를 나타내. 0.1퍼센트에 불과한 DNA 염기 서열의 차이 때문에 키, 외모, 피부색은 물론 지능과 성격까지 사람마다 다르게 나타나는 거지.

이렇게 DNA 염기 서열에 차이가 있을 때 단 한 개의 염기 서열(A, T, C, G)이 사람마다 서로 다른 것을 '단일 염기 다형성(SNP)'이라고 불러.

사람의 염색체 어디서든 발견되는 SNP는 대부분 유전 정보가 없는 DNA 부분에서 나타나기 때문에 인간의 건강이나 세포에 거의 영향을 미치지 않아. 하지만 중요한 유전자 부분에 SNP

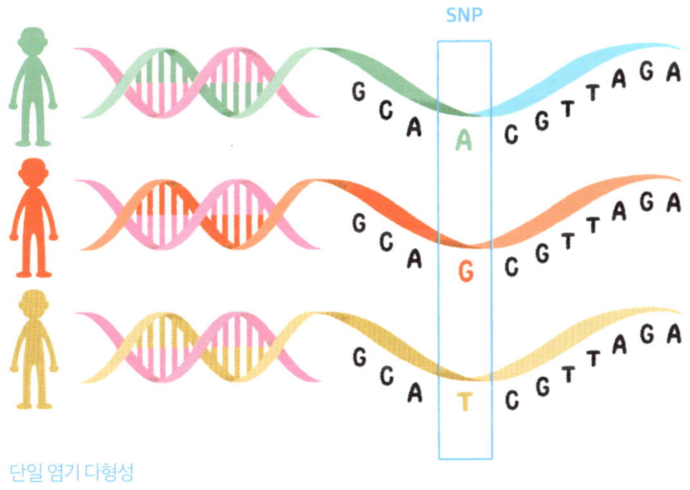

단일 염기 다형성

가 발생하면 질병에 취약해질 수 있지. 즉, 특정 질병에 걸린 사람들의 DNA에서 반복적으로 나타나는 SNP를 찾을 수 있다면, 동일한 SNP를 갖는 사람들이 해당 질병에 걸릴 가능성이 더 높다고 판단할 수 있어.

실제로 생명공학자들은 질병 진단과 치료에 활용하기 위해서 인간의 DNA에 존재하는 140만 개 이상의 SNP 위치를 밝혀내 목록을 만들기도 했어. 이 연구에 기초해 많은 질병 연관 연구들이 시행되면서 오늘날 유전체 분석을 통한 질병 진단과 예측이 이루어지고 있지.

유전자 검사와 유전자 차별

유전자 검사가 활발해지면서 질병의 진단과 치료에 청신호가 켜졌지만, 우려가 커진 것도 사실이야. 몇몇 회사는 사전 임신 검사를 수행하여 부모의 DNA 서열을 바탕으로 자녀의 운명을 예측하는 서비스를 시행하고 있어. 부모의 DNA 정보를 사용해 눈동자 색부터 특정 질병에 대한 위험 정도까지를 포함해 아기의 유전적 특성을 예측하는 기술인데, 미국에서 특허도 받았지.

또 다른 회사는 정자 기증자와 임신을 원하는 여성의 DNA 정보를 바탕으로 가장 유전적으로 적합한 기증자가 누구인지 찾아 여성에게 제공할 계획도 발표했어. 이 회사는 약 1만 개의 특정 질병이 가상의 지녀에게 발생할 가능성까지 추정할 수 있다고 해.

이와 같은 기술이 미래에 널리 보급됐을 때, 자녀를 낳을지 말지 결정하기 전에 이런 분석 서비스를 이용하는 것에 대해 어떻게 생각하니? 만약 이 서비스를 이용한다면, 앞으로 태어날 자녀에게 발생할 혹시 모를 질병을 예측할 수 있겠지. 예측된 질병의 정도가 심각하다면 자녀를 낳지 않기로 배우자와 논의함으로써 아이가 평생 병으로 고생하거나 의료비로 큰 비용을 부담하는 상황을 막을 수 있을 거야. 혹은 그 질병에 걸리지 않게끔 하는 최상의 정자와 난자 조합을 찾아낼지도 몰라.

하지만 이렇게 된다면 임신이 자연적인 선물이나 축복으로 여겨지기보다는 철저한 가족계획의 하나로 여겨질 거야. 또한 이들과 달리 유전자 예측 서비스를 이용하지 않고 태어난 자녀들과 유전자 예측 서비스를 통해 태어난 자녀들 사이에서 차별이 생기거나 계급이 나뉠지도 모르지. 이건 심각한 인권 문제와 사회 문제로 이어질 수 있어.

심지어 개인의 유전적 배경은 인간을 차별하는 데 악용될 수도 있어. 예를 들어 건강보험이나 생명보험 회사는 유전 정보를 바탕으로 질병의 발병 위험이 큰 사람의 가입을 거절하거나, 보험료를 사람마다 다르게 받을 수 있겠지. 미래의 배우자나 회사의 고용주가 개인의 유전적 장애에 대한 정보를 요구할지도 몰라.

그리고 만약 어떤 사람이 유전 정보로 차별을 겪은 후에 본인의 유전자 검사 결과에 오류가 생겨 잘못된 것이었음을 알게 된다면, 그땐 누가 책임져야 하는 거지? 현재는 유전자 검사의 품질 관리에 대한 표준이 어디에도 없어. 한편, 어떤 범죄자가 자신이 가진 바람직하지 않은 성격 유전자 때문에 범행을 저지르게 됐다면서 유죄를 인정하지 않는다면, 이때 법은 어떻게 판결해야 할까?

유전자 검사의 활용 범위에 대한 논의는 여전히 뜨거운 감자야. 현재까지는 많은 나라에서 고용과 보험에서의 유전자 차별 금지법을 시행하고 있고, 국제기구인 유네스코 역시 유전자 차별을 금지하고 있어.

하지만 이런 법적 규제 이전에 사회적인 분위기가 먼저 건강하고 윤리적으로 변해야 할 거야. 또한 유전자 검사의 원래 목적이 무엇이었는지를 잊지 말아야겠지.

생명공학 쫌 아는 10대

유전자를 치료하는 바이러스

유선사가 잘못되어서 질병이 발생한다면 유진자를 고쳐야겠지. 그렇다면 유전자를 어떻게 고칠 수 있을까? 자동차가 고장 나면 새로운 부품을 넣어서 망가진 부분을 수리하듯, 잘못된 유전자도 정상 유전자로 바꾸거나 정상 유전자를 함께 넣어서 기능을 보완하면 돼.

가령 유전자 이상으로 간 질환을 앓게 된 경우, 간세포들을 일부 떼어 내서 배양한 후에 이 간세포들에 치료에 필요한 유전자를 주입하는 거야. 그리고 이 세포들을 환자에게 다시 넣어 주는(이식) 거지. 이 방법에서는 이들 세포가 원래 환자에게서 나온 것이어서 이식 거부반응을 염려할 필요도 없어.

세포를 꺼내거나 배양하지 않고 체내에 있는 조직이나 기관에 수정된 유전자를 직접 넣는 방법도 있어. 어떻게 인간의 세포에 유전자를 직접 집어넣느냐고? 바이러스를 사용하면 가능해. 인간 세포들을 바이러스에 '감염'시킴으로써 치료 유전자를 세포에 전달하는 전략이야.

인간의 질병을 치료하기 위해 유전자를 전달하는 데 바이러스를 사용한다는 말이 이상하게 들릴 거야. 바이러스는 질병을 일으키는 매개체로 알려져 있으니까. 하지만 사실 바이러스는 숙주의 면역 체계를 요리조리 피해 다니면서 특정한 세포에 자기의 DNA를 효율적으로 전달하도록 진화해 왔어. 바로 이런 바이러스의 생존 방식을 이용하는 거야. 유전자를 전달하는 바이러스의 능력은 그대로 둔 채 감염 기능은 제거함으로써, 바이러스를 인간이 필요한 유전자를 전달하는 수단으로 탈바꿈시키는 거지.

이때 주로 사용되는 게 아데노바이러스야. 전체 인구의 80~90퍼센트가 유년기도 지나기 전에 이 바이러스에 감염되어 일반적인 감기를 앓게 되지. 상당히 효율적으로 많은 종류의 체세포를 감염시키는 바이러스야.

유전자를 직접 넣는 방법 말고도 잘못된 유전자를 편집하는 방법이 있어. 글을 쓰다가 글씨가 틀리면 글 전체가 아니라 잘못된 단어나 글자만 지우고 다시 쓰는 것처럼 말이야. 2012년에 처음 소개된 크리스퍼 캐스나인(CRISPR-Cas9)이라는 '유전자 가위'가 바로 그것을 가능하게 했지.

유전자 가위는 가이드 RNA와 DNA를 절단하는 캐스나인 효소 단백질로 구성돼. 가이드 RNA가 목표하는 지점의 DNA와 결합하면 캐스나인 효소가 이 부위를 자르지. DNA가 잘려서 망가졌으니 우리 몸은 복구를 시도하겠지? 하지만 유전자 가위가 그 부위를 또 잘라 내. 이 과정을 반복하다 보면 '복구 오류'가 발생하고, 해당 부위의 유전자는 제 기능을 하지 못하게 돼. 질병의 원인이 되는 유전자를 제거하고 싶을 때 이런 방법을 이용하는 거야.

만약 절단된 DNA 자리에 새로운 유전자를 끼워 넣고 싶다면 유전자 가위와 함께 몸속에 넣어 주면 돼. 그러면 잘린 DNA를 복구하는 과정에서 새로운 유전자가 그 자리를 채우게 되지.

생명공학자들은 이 유전자 가위의 길잡이가 되는 가이드 RNA의 서열을 마음대로 바꿀 수 있어. 어디든 자르길 원하는 부위의 DNA와 결합할 수 있도록 말이야. 그렇게 인간은 원하는 DNA 서열이 무엇이든 자를 수 있는 막강한 DNA 편집 도구를 갖게 되었지.

장기 이식과 조직공학

자동차를 타다 보면 시간이 지나면서 부품들이 닳거나 망가지게 되는 것처럼, 사람도 나이가 들면서 몸 여기저기가 닳고 망가지게 돼. 노화가 진행됨에 따라 심장, 폐, 간, 신장 등과 같은 기관들의 기능이 떨어지거나 심지어 작동을 멈출 수도 있지. 질병에 걸리면 이러한 현상이 더 빨라질 거야.

기관의 기능을 되돌릴 유일한 방법은 손상된 조직이나 기관 자체를 새로운 것으로 대체하는 것뿐이야. 어떠한 약물도 조직을 새로 자라게 하거나 손상된 조직에 수선이 일어나도록 자극할 수는 없기 때문이지.

장기 이식은 손상된 기관을 대체하는 가장 일반적인 방법이었어. 하지만 기증되는 장기는 장기 이식을 기다리는 환자들의 수에 비하면 턱없이 부족했지. 그래서 생명공학자들은 인간이 아닌 다른 동물로부터 기관을 이식받는 이종 장기 이식을 연구했어.

동물에서 인간으로의 이식이 처음으로 시술된 것은 1984년의 일이야. 당시 의사들은 개코원숭이의 심장을 12세 소녀에게 이식했어. 이 소녀는 3주 후 이식 거부반응과 관련된 합병증으로 사망하기 전까지 개코원숭이의 심장을 지니고 살았지. 이후에도 비슷한 이식들이 시도되었지만 성공을 거두지는 못했어.

현재 생명공학자들은 장기 제공 동물로서 돼지의 가능성을 연구하고 있어. 앞에서 설명한 돼지 심장 이야기, 기억하지? 돼지는 그 숫자가 많고, 기르기 쉬우며, 상대적으로 값이 싸다는 좋은 조건을 갖추고 있거든. 게다가 돼지 장기는 크기가 인간의 것과 가장 비슷해.

최근엔 장기 이식을 위해서 인간의 면역 시스템에 기부반응이 없도록 유전자를 편집한 돼지가 만들어졌고, 이로부터 두 차례 심장 이식 시도가 있었어. 하지만 안타깝게도 채 두 달이 되지 않아 모두 사망하고 말았지.

생명공학자들은 유전자 변형 기술의 발달로 10년 내에 이종 장기 이식 시대가 올 것으로 전망하고 있어. 하지만 윤리적인 문제는 여전히 해결해야 할 과제로 남아 있지. 또한 장기를 제공해야 하는 동물의 복지와 유전자 조작에 따르는 엄청난 경제적 비용, 그리고 동물에게만 전파되던 질병이 인간 감염병으로 새롭게 등장해 환자뿐만 아니라 지역 사회를 위험에 빠뜨릴 가능성도 고려해야 해.

그래서 조직에서 분리해 낸 세포를 이용해 체외에서 생체조직과 장기를 만드는 '조직공학'이 새롭게 주목받고 있어. 동물의 장기 대신 세포를 활용하기 때문에 여러 문제로부터 자유롭지. 실례로 1990년대에 조직공학자 찰스 버칸티는 생쥐의 등에서 인간의 귀를 자라게 해서 전 세계를 놀라게 한 적이 있어.

이 실험에서 버칸티는 귀 모양으로 된 생분해성 재질의 구조물을 생쥐의 등에 붙이고 여기에 암소의 연골 세포를 씨앗처럼 심었어. 연골 세포들은 구조물에 파고들어 연골을 만들었고, 구조물이 분해되어 없어질 무렵엔 연골이 자신을 지탱할 힘을 가질 만큼 자랐지.

인간의 귀 모양을 지닌 그 조직이 실제로 인간에게 이식된 적은 없어. 암소의 연골 세포를 이용해서 만들었기 때문에 인체의 면역계가 거부반응을 일으킬 가능성이 높았기 때문이야.

조직공학자들은 칼슘, 콜라겐, 혹은 생분해성 물질과 같은 생물학적인 재질로 된 토대를 3차원 구조로 디자인하면서 작업을 시작해. 이후 디자인에 따라 제작된 구조물에서 세포들을 배양하는데, 이 과정을 '파종'이라 부르지. 말 그대로 그 세포들이 구조물 위에서 더 많은 세포로 자라날 씨앗과 같은 역할을 담당하기 때문이야.

이렇게 세포들이 파종된 3차원 구조물은 영양분이 풍부한 배양액에 담기게 돼. 이대로 시간이 흐르면 구조물의 모양대로 세포층이 형성되어 인간이 의도한 모양으로 조직이 만들어지지. 이런 방법으로 만들어진 것의 대표적인 예가 인공 피부조직이야. 해당 피부조직은 심한 화상을 입어 피부조직이 손실되거나 생명을 위협받는 환자들을 치료하는 과정에서 매우 효과가 좋았지.

최근 과학자들은 3D 프린터를 이용해 인간 조직을 제작하려고 연구 중이야. 잉크로 글자를 인쇄하듯 세포들로 조직을 인쇄하는 거야. 용액에 들어 있는 세포들을 노즐을 통해 분무하면 다양한 조직을 인쇄할 수 있지. '3D 바이오 프린팅'이라고 불러.

2011년에 스웨덴에서는 기도가 손상되어 호흡에 큰 문제가 있던 환자에게 3D 바이오 프린팅으로 제작한 인공 기도를 성공적으로 이식했어. 2013년에는 머리뼈의 75퍼센트가 손상된 환자에게 3D 프린터로 제작한 인공 머리뼈를 이식했지. 이후 의사들은 신생아에게 인공 기관지를, 척추 종양 환자에게 인공 척추뼈를, 사고로 얼굴뼈가 무너진 환자에게 인공 안면 골격을 성공적으로 이식했어. 3D 바이오 프린팅은 빠른 속도로 발전하고 있고, 앞으로의 재생의학에서 중요한 도구가 될 것이라는 점은 의심의 여지가 없어.

세포를 다시 자라게 하는 줄기세포

조직이나 기관을 대체하지 않고 다시 자라게 할 수는 없을까? 줄기세포를 이용하면 이런 일이 가능하다고 해. 줄기세포는 몸을 구성하는 근육 세포, 신경 세포, 혈구, 간세포 등으로 변할 수 있는 능력을 갖춘 미분화 세포, 다시 말해 아직 운명이 결정되지 않은 세포야. 과학자들은 인체를 구성하는 200가지 이상의 모든 세포로 분화할 수 있는 이 세포에 줄기만 땅에 꽂아도 새로운 개체로 자라날 수 있는 식물의 능력을 본떠 '줄기세포'라는 이름을 붙였어.

줄기세포는 알맞은 세포로 분화시킬 수만 있다면 난치병 환자까지도 치료할 수 있을 것으로 기대되고 있어. 현재 관절염 환

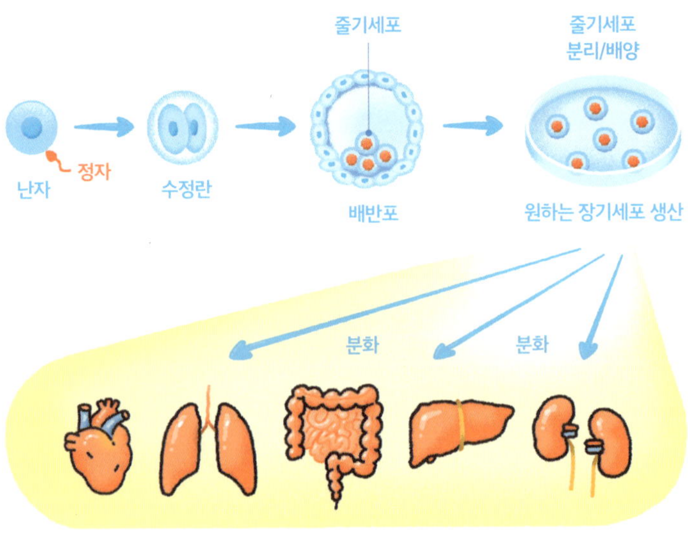

배아 줄기세포가 만들어지는 과정

생명공학 쫌 아는 10대

자에게 줄기세포를 주사하여 연골 세포를 재생하는 방법이 치료 효과를 거두고 있고, 치매나 파킨슨병 환자에게 줄기세포를 주사하여 신경 세포를 재생시키는 연구도 활발하게 진행되고 있지.

줄기세포를 더 자세히 이해하기 위해 우선 인간 배아의 발생을 잠시 들여다보자. 난자와 정자가 만나 수정란이 생기고 6일이 지나면 배아 내부에 공간이 생기는데, 이 상태의 수정란을 배반포라고 불러.

배반포 안에는 약 30개의 세포로 된 작은 덩어리가 있는데, 이것을 분리해서 키운 게 바로 '배아 줄기세포'야. 배아 줄기세포들은 적절한 생장 조건만 갖춰지면 사실상 모든 종류의 세포로 분화될 수 있어.

복제 양 돌리를 만들 때처럼 핵 치환 기술을 이용해 핵을 제거한 난자에 환자의 체세포 핵을 주입하면 환자의 유전 정보를 그대로 갖는 배아를 만들 수 있지. 이렇게 만든 배아에서는 면역 거부반응이 없는 맞춤형 배아 줄기세포를 얻을 수 있어.

이 세포는 환자에게 필요한 어떤 세포로든 자라날 수 있지. 하지만 이 방법은 줄기세포를 얻기 위해 난자를 많이 사용해야 하고, 하나의 생명체가 될 수도 있는 배아를 이용한다는 점 때문에 생명 윤리 논쟁을 일으키고 있어.

그래서 과학자들은 '성체 줄기세포'를 대안으로 제시했어. 성체 줄기세포는 탯줄 혈액이나 성인의 골수, 지방 등에서 얻는 줄기세포이기 때문에 배아 줄기세포와 같은 생명 윤리 문제로부터 자유롭거든. 하지만 성체 줄기세포는 나이가 들면서 점차 줄어들어 성인의 경우 조직마다 2~3퍼센트도 채 되지 않을 정도로 그 수가 매우 적다는 단점이 있어. 또한 증식이 어렵고 신체의 모든 세포와 조직으로 분화할 수 없다는 한계도 있지.

결국 배아를 만들지 않고도 줄기세포를 분리해 내는 새로운 방법을 찾아야 했는데, 이때 제시된 게 '체세포 핵 재생 프로그램'이야. 체세포를 발생 초기로 되돌려 놓기 위해 유전자를 변형시켜 세포를 유전적으로 다시 프로그래밍한다고 생각하면 돼. 한마디로 인간의 몸을 구성하는 세포의 시계를 거꾸로 돌리는 거지. 그 결과, 배아 줄기세포처럼 모든 세포로 분화할 수 있는 잠재력을 회복하게 된 세포를 '유도 만능 줄기세포'라고 불러.

이 줄기세포는 난자를 사용하지 않아서 생명 윤리 측면에서도 문제가 없고, 환자 본인의 세포를 사용할 수 있어 면역 거부반응이 일어날 염려도 없어. 그러나 체세포의 시간을 거꾸로 돌리는 과정에서 유전자 변이가 일어날 수 있다는 문제점이 남지.

질병과 노화를 정복할 수 있는 완벽한 기술은 아직까지 없

     생명공학 쫌 아는 10대

어. 생명공학 기술을 이용하여 질병을 극복하고 노화를 늦추려는 과학자들의 노력이 거듭되면서 지금에 이르게 된 거야. 다만 앞으로 더욱 발전할 이 기술들을 건강하고 윤리적으로 사용할 방법이 무엇일지에 대해 고민하는 깃이 우리에게 남겨진 중요한 숙제일 거야.

8

오염 물질을 먹는 생물이 있다면

환경 생명공학

오염된 거의 모든 것

지난 2022년 기준, 우리나라 사람들은 하루에 약 1.2킬로그램의 쓰레기를 배출했어. 1년으로 환산하면 한 사람당 400킬로그램이 넘는 양으로, 우리나라에서만 매년 총 2,300만 톤의 쓰레기가 배출된다는 뜻이지. 이 쓰레기 중에서 약 60퍼센트만이 재활용되고 나머지는 매립되거나 소각되고 있어.

이러한 가정 쓰레기는 비교적 작은 문제에 지나지 않아. 살충제를 비롯한 화학 물질과 산업 폐기물로부터 발생한 문제들이 환경오염의 대부분을 이루기 때문이야. 증가하는 독성 화학 물질은 세계 곳곳의 환경과 그곳에 살고 있는 생물들을 심각하게 위협하고 있어.

우리가 사용하고 버린 물에서는 세제, 향수, 카페인, 살충제, 제초제, 비료 등에서 유래한 화학 물질은 물론 진통제, 항생제, 콜레스테롤 강하제, 항우울제, 항암제, 합성 에스트로겐과 같은 의약품들이 갈수록 많이 발견되고 있어.

이외에도 산업 공정 과정이나 유출 사고로 자연에 흘러든 화학 물질들이 있지. 연구소나 병원, 핵 발전소에서 나오는 방사성 물질, 건설 현장의 폭발 물질, 플라스틱이나 금속 제조 과정에서 발생하는 여러 물질, 폐기물 소각 과정에서 발생하는 다이옥신 등이 그 예야.

이들 화학약품은 돌연변이나 암을 유발할 수 있고 천식, 염증, 면역 저하, 기형아 출생 등의 원인이 되기도 해. 심지어 우리 몸속에서 호르몬과 비슷하게 작용하여 내분비계를 교란하는 '내분비 교란 물질' 또는 '환경 호르몬'이라고 불리는 녀석들도 있지. 앞서 예로 들었던 물질 중 합성 에스트로겐이나 다이옥신이 대표적인 환경 호르몬이야.

이들은 정상적인 호르몬의 작용을 방해하고 생식 기능을 교란하는 등, 몸에 다양한 이상을 일으켜. 특히 수생 생물의 건강에 영향을 미쳐서 파충류나 양서류의 기형적 출산, 개구리 다리의 기형적인 발달, 수컷 물고기의 암컷으로의 성 변환 등을 일으키는 것으로 파악되었어.

몇몇 화학 물질을 대상으로 사용을 제한하거나 금지하는 규제가 시행되고 있지만, 더 심각한 문제는 사용이 완전히 중단된다 하더라도 이들 화학 물질이 수 세기 동안 환경에 잔류한다는 사실이야. 그렇다면 무엇을 정화해야 하느냐고? 불행하게도 이 질문에 대한 대답은 '거의 모든 것'이야. 토양, 공기, 물, 그리고 침전물 모두가 인간의 활동으로 발생하는 다양한 물질에 오염될 수 있기 때문이지.

생물로 환경정화가 가능하다고?

다른 생명공학 기술과 마찬가지로 생물 환경정화 역시 갑자기 등장한 새로운 기술이 아니야. 인간은 수천 년 동안 쓰레기를 줄이려고 생물학적인 처리를 수행해 왔거든. 인간이나 짐승의 배설물 등 여러 가지 재료를 발효시키거나 썩혀서 천연 비료를 만들기 위해 토양 미생물을 이용한 게 대표적인 예지. 하수를 처리하여 하천이나 바다 등으로 방류하는 오수 처리장에서도 수십 년 동안 침전물과 폐기물을 분해하기 위해 미생물을 사용해 왔어.

현대의 생물 환경정화는 다양한 환경 조건에서 여러 종류의 독성 화합 물질을 정화하기 위해 수많은 혁신적인 기술을 사용하고 있어. 이때 가장 기초가 되는 작업은 오염 현장에서 생물 환경정화에 쓰일 유용한 미생물을 찾는 거야. 오염된 지역에 서식하는(토착화된) 미생물은 오염된 화학약품에 대한 저항성을 발전시킨 상태여서 생물 환경정화에 유용하게 이용될 수 있거든.

이 방법을 통해 수백 종의 화학약품을 분해하는 세균들을 토양에서 찾을 수 있었어.

심지어 2006년에는 플라스틱에 함유된 독성 물질인 스타이렌을 '생분해성 플라스틱'으로 바꾸는 세균이 발견되기도 했지. 생분해성 플라스틱은 자연 상태에서도 완전하게 분해될 수 있는 플라스틱이야. 이렇게 오염 지역에서 발견된 토착 미생물들은 실험실에서 연구를 거쳐 배양되고, 많은 양으로 증폭되어 정화 현장에 투입되지.

오염 물질을 정화하는 방법은 수없이 많은데 왜 굳이 생물 환경정화를 사용하는 걸까? 오염된 물질을 물리적으로 제거하거나 오염 지역을 화학적으로 처리하는 게 훨씬 간편할 거라는 생각이 들지도 몰라. 하지만 그런 방법에는 많은 비용이 들어. 거기다 화학적 처리의 경우에는 또 다른 정화가 필요한 2차 오염 물질이 발생할 수도 있지.

생물 환경정화의 큰 장점 중 하나는 유해 물질을 이산화탄소, 염소, 물이나 단순 유기물 등 비교적 덜 해로운 물질로 전환한다는 거야. 특히 정화 과정에 생물이 이용되기 때문에 다른 정화 방법보다 더 깨끗하게 처리할 수 있지. 또한 오염된 그 현장에서 바로 정화 작업을 수행할 수 있다는 장점도 있어. 오염 물질을 다른 장소로 이동시킬 필요가 없으니까 환경을 교란하는 일 없이 완전하게 정화할 수 있지.

1989년 3월, 엑손 밸디즈 유조선은 2억 리터의 원유를 싣고 미국 알래스카주의 밸디즈 석유 터미널을 출발해 캘리포니아주로 향했어. 출발 3시간 뒤, 안타깝게도 유조선은 암초에 부딪혔고, 이 사고로 총적재량의 20퍼센트인 약 4,000만 리터의 원유가 바다에 흘러나왔지.

기름띠를 분산시키려던 초기 방제 시도는 바다가 너무 잔잔해서 실패했어. 기름을 태워 없애거나 기름의 확산을 막는 오일펜스를 설치하는 방법 등이 어느 정도 성공을 거두었지만, 며칠 후 폭풍이 불어와 기름을 해안선이 들쭉날쭉한 바위투성이의 바닷가로 밀어 보냈지. 이로 인해 1,600킬로미터에 이르는 알래스카 해변도 오염되고 말았어.

결국 대규모 방제 작전이 필요해졌지. 기술자들은 진공 장치를 이용해서 바다 표면의 기름을 처리 탱크로 끌어들였어. 바위와 모래사장의 기름은 높은 압력으로 물을 쏘아 씻어 냈지. 하지만 이러한 물리적인 방법을 이용한 후에도 오염된 해변에는 여전히 다량의 기름이 자갈과 바위 사이에 부착되어 있었어.

상상만 해도 심란하지? 이런 순간이 바로 생물 환경정화 기술이 활약할 때야. 알래스카 해변 모래와 바위에는 기름을 분해하는 토착 세균이 살고 있었어. 사람들은 이 세균의 성장을 촉진

하기 위해 질소와 인산이 풍부한 비료액을 뿌렸지. 시간이 흐른 뒤, 과학자들은 해변의 토양에서 기름이 분해되면서 만들어진 화학 성분을 조사함으로써 토착 세균의 자연 분해가 효과적이었다는 것을 확인할 수 있었어. 일각에서는 알래스카 일대에 남아 있던 원유의 50퍼센트를 이들 세균이 정화했다고 보고 있지.

사고 1년 후 기름띠는 대부분 자취를 감추었어. 하지만 이 기름을 완전히 정화하는 데는 어쩌면 수백 년이 걸릴지도 몰라. 이 사고 이후 기름과 방제 작업이 환경에 미치는 영향에 대해서 심도 있는 연구가 진행되었고, 사람들은 처음으로 생물 환경정화의 위력에 관심을 두기 시작했어.

사실 생물 환경정화를 위한 최초의 유전자 변형 미생물은 1970년대에 이미 개발되어 있었어. 당시 미국의 미생물학자 아난다 차크라바르티는 원유의 구성 성분인 탄화수소를 분해하는 것으로 알려진 세균들을 탐색해서 탄화수소 분해 유전자가 있는 플라스미드를 4개 발견했지. 컴퓨터 본체의 하드 디스크에 해당하는 유전체 DNA 말고도 USB에 해당하는 플라스미드를 세균이 가지고 있다는 설명 기억하지?

그는 한 세균에 4개의 플라스미드를 모두 집어넣은 후 자외선을 쪼여 주었어. 그렇게 4개의 플라스미드 전부를 하나의 커다란 유전자로 고정함으로써 새로운 세균을 만들어 냈지. 이 세균의 플라스미드는 설계대로 동시에 작동했고, 원유가 들어 있는 플라스크 안에서 세균이 집락을 형성하며 자라는 모습이 관찰되었어. 유전자 재조합을 통해 자연에서 볼 수 없는 새로운 미생물을 개발한 업적으로 그는 유전자 변형 생물로는 최초로 미국 특허를 받았지.

생물을 발명의 대상으로 삼다니, 좀 이상하다는 생각이 들지 않니? 실제로 당시 그의 특허 신청은 10년간 논쟁에 휘말렸어. 미국 특허청이 "생물체는 자연의 산물이며 발명의 대상이 아니므로 지적 재산으로 분류될 수 없다"라는 이유로 특허 신청을 거부했기 때문이야.

하지만 1980년 미국 대법원은 "태양 아래 인간이 만든 모든 것은 특허 대상이 된다"라고 선언하며, 해당 세균이 자연에서 발견되는 세균과는 전혀 다른 특징을 가지고 있고 산업에서 유용하게 이용될 수 있으므로 특허로 지정되지 않을 이유가 없다고 판결 내렸지.

이 재판은 이후 유전공학에 의한 생물 개발이 특허로 보호받는 근거가 되어, 각종 생물 특허와 생명공학 산업에 많은 투자를 끌어내는 계기가 되었어. 이로써 생물 환경정화에 사용될 다양한 미생물이 탄생했지만, 아직 오염 현장에서 활용되고 있지는 않아. 유전자 변형 생물의 생태계 유출에 대한 대중의 우려와 관련 규제 때문이지.

대신 과학자들은 기름을 분해하는 나양한 미생물을 탐색하고, 다양한 화합물을 동시에 분해할 수 있도록 유전자와 특징이 파악된 다수의 균주를 오염 현장에 함께 투입하는 방법을 연구하고 있어. 세균마다 온도, 산소량, 기름의 면적과 종류에 따라 기름을 분해하는 속도가 다 다르거든. 인간이 노력해도 해결할 수 없는 문제를 눈에 보이지도 않는 세균이 해결할 수 있다니 놀랍지 않니?

지구를 살리는 식물들

1986년 4월, 우크라이나의 체르노빌에서 원자력 발전소가 폭발하는 사고가 일어났어. 최악의 방사능 오염 사고라 일컬어지는 이 폭발로 인근 토양은 물론, 지하수까지 아이오딘, 세슘, 스트론튬, 플루토늄과 같은 방사성 원소로 심하게 오염되었지. 인간은 물론이고 어떤 생물도 살기 어려워졌어.

그때 해바라기가 위력을 발휘했지. 과학자들은 발전소 인근의 오염된 연못을 정화하기 위해 배처럼 생긴 구조물 위에 해바라기를 다발로 묶어 함께 띄웠어. 왜 하필 해바라기였냐고? 해바라기는 방사성 물질을 포함한 중금속을 흡수해서 조직에 농축하는 대단한 능력을 가지고 있거든. 며칠 후 분석했더니 놀랍게도 해바라기 뿌리는 연못보다 수천 배 높은 농도의 방사성 물질을 머금고 있었다고 해.

과학자들은 방사성 원소로 오염된 지역에 해바라기를 심었고, 해바라기는 상당한 양의 방사성 물질을 뿌리에 흡수하여 토양을 효과적으로 정화했어. 다 자란 후에는 수거되어 방사성 폐기물로서 안전하게 처리되었지. 이 방식은 전체 토양을 수집하고 정화해야 하는 다른 방법에 비해 매우 편리하고 효율적이며 비용도 적은 것으로 입증되었어.

해바라기는 일본 후쿠시마 원전 사고 이후의 정화 작업에도 활용됐어. 해바라기가 미국의 대표적 공업지대인 디트로이트에서도 납으로 오염된 토양을 43퍼센트가량 정화했다는 보고까지 있지. 이러한 발견은 토양이나 물에서 오염 물질을 제거하는 도구로서 식물을 사용하는 것에 대한 탐구로 이어졌어. 현재는 포플러와 노간주나무를 비롯해, 검증된 약 350개의 식물이 토양이나 물, 공기에 존재하는 독성 물질이나 화학약품을 흡수하여 제거하는 데 활용되고 있지.

가령, 방글라데시는 인구 절반이 1급 발암 물질인 비소에 노출되어 있을 정도로 지하수의 비소 오염이 매우 심각한 상황이라고 해. 그래서 방글라데시에서는 상수도의 비소를 제거하고자 부레옥잠을 사용하고 있지.

이 밖에도 과학자들은 생물 환경정화의 능력을 개선하기 위해 유전자 변형 식물 개발에 박차를 가하고 있어. 그 대표적인 예가 바로 담배야. 유전자 변형 담배는 군사 훈련 지역이나 군수품을 생산하는 방위 산업체 등에서 발견되는 질소계 폭발물 성분을 토양으로부터 효과적으로 제거할 수 있지. 과학자들이 담배의 DNA에 해당 폭발물 성분을 분해할 수 있는 미생물의 효소 유전자를 끼워 넣었기 때문이야. 그래서 유전자 변형 담배는 일반적인 담배가 잘 자라지 못하는 악조건에서도 정상적으로 자라면서 폭발 물질을 흡수하는 거지.

유전자 조작 식물은 환경정화 비용을 획기적으로 낮출 대안으로 기대되고 있어. 하지만 정화에 오랜 시간이 걸린다는 단점과 오염 해독제로 쓰이는 식물이 생태계에 어떤 영향을 미칠지 모른다는 우려 때문에 연구 개발에 투자가 미흡해서 현재 일부

소수 연구자에 의해서만 연구가 진행되고 있어.

생물 환경정화의 도전

금을 비롯해 구리, 니켈, 붕소와 같은 가치 있는 금속을 재생시키기 위해 세균을 활용하는 일은 생물 환경정화의 새로운 영역으로 여겨지고 있어. 세균 중에는 금속성 물질을 세포에 축적하거나 세포 표면에 부착시킴으로써 금속 산화물이나 광석으로 전환할 수 있는 녀석들이 있거든.

금이나 은을 도금하는 기술이 사용되는 전자제품이나 의료 기기 등을 제조할 때는 필연적으로 금이나 은 입자들이 함유된 폐수가 발생하게 돼. 과학자들은 폐수 속에 녹아든 진귀한 금속을 회수하고, 폐수를 정화하기 위해 세균을 활용할 방법을 연구하고 있지.

혹시 '지오박터(Geobacter)'라고 들어 봤어? 철과 함께 기름 등 다양한 유기 오염 물질을 분해하는 과정에서 전기를 생산해서 연구 대상으로 인기가 많았던 세균이야. 최근에는 이 지오박터가 물질대사를 통해 우라늄도 변화시킬 수 있다는 것이 실험을 통해 증명됐지.

한때 광산으로 활용되어 저농도 우라늄으로 오염된 미국의 한 지역에 생명공학자들은 지오박터가 좋아하는 영양 물질을 잔뜩 주입했어. 그 결과, 지오박터의 개체 수가 폭발적으로 늘어났지. 대략 50일이 지나자 지하수에 녹아 있던 우라늄의 70퍼센트가 지오박터로 인해 우라니나이트라는 돌로 바뀌었대.

2014년, 영국의 과학자들은 토양에서 핵폐기물을 먹는 희귀 세균을 발견하기도 했어. 이 세균은 오염된 채로 오랫동안 방치되어 있던 알칼리성 석회 가마에서 우연히 발견되었지. 과학자들이 방사성 물질로 오염된 토양과 유사한 조건에서 실험해 본 결과, 이 세균은 실제로 핵폐기물을 분해해 냈어. 현재는 늘어나는 핵폐기물을 드럼통에 넣고 콘크리트로 굳힌 후 다시 깊은 바다나 땅속에 묻거나 대량의 물로 희석해서 방류하고 있지만, 이 세균에 대한 연구가 진척되면 핵폐기물을 완전히 없앨 수 있을지도 몰라!

최근 가장 문제가 되고 있는 플라스틱에 대해서도 생명공학자들은 다양한 주제로 연구를 계속하고 있어. 플라스틱을 분해하는 미생물은 1974년에 폴리에스터 분해 곰팡이가 보고된 이래로 400여 종이나 발표됐지. 그중 절반 이상은 2010년대 이후 집중적으로 발견됐어. 2016년에는 가장 흔한 플라스틱 페트를 잘 분해하는 세균이 일본에서 발견됐고, 잘 분해되지 않는 폴리스타이렌과 폴리우레탄을 분해하는 곰팡이도 뒤이어 발견되었어.

눈에 보이지도 않는 미생물들이 플라스틱을 분해하고 재활용하는 데 얼마나 활용될 수 있을까? 사실 가장 큰 문제는 미생물의 분해 속도에 비해 해마다 버려지는 플라스틱 쓰레기가 너무 많다는 거야. 2020년의 발표에 따르면, 전 세계에서 발생하는 플

생명공학 쫌 아는 10대

라스틱 쓰레기가 매년 5,200만 톤에 이른다고 해. 게다가 다양한 종류의 플라스틱을 효율적으로 빠르게 분해하는 미생물 공정을 찾는 일도 만만치 않지.

도시와 공장이 늘어남에 따라 환경 문제에 대한 우려도 점점 커지고 있어. 각 나라가 환경 규제를 강화하고 있지만 효율적인 폐기물 처리 방안에 대해서는 막막할 뿐이지. 생물 환경정화는 스스로를 만물의 영장이라 부르는 인간이 저지른 잘못을 하잘것 없는 미생물들이 원래 상태로 되돌리는 작업이야. 지금 읽은 미생물들의 이야기가 그동안 우리 인간들이 간과해 온 자연에 대한 경외감과 겸손함을 회복하는 계기가 됐으면 좋겠어.

활용과 공존의 바탕이 될 기술, 생명공학

지금까지 생명공학의 뜻과 기술 발달의 역사를 살펴보고, 분야를 나누어서 각 분야에 해당하는 기술을 자세히 들여다봤어. 미생물부터 식물, 동물, 해양, 의학, 환경에 이르는 여러 분야가 서로 거미줄처럼 얽혀 있다는 걸 알게 됐을 거야. 또한 그만큼 생명공학에서는 한 분야의 기술 발달이 다른 분야의 발달에 큰 영향을 미친다는 사실도 명확히 알 수 있었을 거고.

생명공학은 인간의 복지와 수명 연장을 위해 생명과학을 다방면으로 활용하게끔 연구하는 학문이야. 이제 인간은 다른 생명을 복제하고 심지어 창조하는 수준에 이르러 생물을 적극적으로 사용하고 있어. 한편, 이종 장기 이식, 인간의 DNA 서열 분석과 유전자 변형, 인간 복제 등을 통해 우리 자신의 두려운 힘을 목격하면서 인간성의 본질과 생명의 본질을 고민하게 되었지.

이와 동시에 세계는 지금 급속도로 발전하는 생명공학 기술이 가져올 사회 문제나 생명 윤리 문제를 예측하고 논의하면서 사회를 안정적으로 유지하고 올바른 결정을 내리는 데 필요한 제도와 법 규정을 갖추고자 다방면으로 노력하고 있어.

인간의 삶에서 다른 생명을 활용하는 일을 멈출 수는 없어. 중요한 건 '어떻게 활용하느냐'일 거야. 생명공학도 처음에는 오직 인간을 위해 연구되었지만 이후 발전을 거듭하면서 인간뿐 아니라 다른 생명, 나아가 모든 생명을 둘러싼 자연을 지키는 방향으로 나아가게 됐어. 앞으로 다가올 미래에는 생명공학 기술로부터 더 많은 혜택과 공존을 기대할 수 있을 거야.

부디 이 책이 생명공학의 가능성을 처음으로 맛보게 해 주는 즐거운 경험이 되었길 바라!

과학
쫌 아는
십 대
21

생명공학 쫌 아는 10대

생명의 한계를 극복하는 생물의 숨겨진 힘

초판 1쇄 발행 2025년 6월 25일
초판 2쇄 발행 2025년 12월 19일

지은이 이고은
그린이 이혜원

펴낸이 홍보람
편집부장 이정은
편집 이경희
외주디자인 이혜원, 조금상
마케팅 신태섭, 조영행, 박가은
관리 이은경, 박두레, 정원경, 김정선

펴낸곳 도서출판 풀빛
등록 1979년 3월 6일 제2021-000055호
주소 07547 서울특별시 강서구 양천로 583 우림블루나인 A동 21층 2110호
전화 02-363-5995(영업), 02-364-0844(편집)
팩스 070-4275-0445
홈페이지 www.pulbit.co.kr
전자우편 inmun@pulbit.co.kr

ISBN 979-11-94636-07-6 44470
　　　979-11-6172-727-1 (세트)